"十三五"国家重点图书出版规划项目

中华农圣贾思勰与《齐民要术》研究丛书

齐民要术

之疑难字词研究及解析

刘长政 编著

中国农业科学技术出版社

图书在版编目（CIP）数据

《齐民要术》之疑难字词研究及解析／刘长政编著. —北京：中国农业科学技术出版社，2017.7

（中华农圣贾思勰与《齐民要术》研究丛书）

ISBN 978-7-5116-2913-5

Ⅰ.①齐…　Ⅱ.①刘…　Ⅲ.①农学–中国–北魏②《齐民要术》–古词语–研究　Ⅳ.①S-092.392②H131

中国版本图书馆 CIP 数据核字（2016）第 318058 号

责任编辑	闫庆健　范　潇
责任校对	杨丁庆

出 版 者	中国农业科学技术出版社
	北京市中关村南大街 12 号　邮编：100081
电　　话	（010）82106625（编辑室）　（010）82109704（发行部）
	（010）82109709（读者服务部）
传　　真	（010）82106625
网　　址	http://www.castp.cn
经 销 者	各地新华书店
印 刷 者	北京科信印刷有限公司
开　　本	710 mm×1 000 mm　1/16
印　　张	16
字　　数	302 千字
版　　次	2017 年 7 月第 1 版　2017 年 7 月第 1 次印刷
定　　价	50.00 元

作者简介

　　刘长政，1971 年生，大学学历，喜好文史，高级中学语文教师，寿光市《齐民要术》研究会理事。撰写教学论文多篇，发表于《语文知识》《山东教育》等期刊。出版校本教材 5 部，参编《贾思勰与〈齐民要术〉研究论集》等。

中华农圣贾思勰与《齐民要术》研究**丛书**

顾问委员会

特邀顾问	李　群	陈　光	隋绳武	王伯祥	马金忠	徐振溪
	刘中会	孙明亮	刘兴明	王乐义		
学术顾问	刘　旭	尹伟伦	李天来	刘新录	李文虎	曹幸穗
	韩兴国	孙日飞	胡泽学	王　欧	李乃胜	张立明
	徐剑波	赵兴胜	王思明	樊志民	倪根金	徐旺生
	郭　文	沈志忠	孙金荣	原永兵	刘建国	

编审委员会

主　　任	朱兰玺	赵绪春	张应禄			
副 主 任	李宝华	林立星	孙修炜	黄凤岩	杨德峰	王茂兴
	方新启					
委　　员	（按姓氏笔画为序）					
	马金涛	王子然	王立新	王庆忠	王丽君	王宏志
	王启龙	王春海	王桂芝	王惠玲	田太卿	刘永辉
	孙荣美	李　鹏	李凤祥	李玉明	李向明	李志强
	李学森	李增国	杨秀英	杨茂枢	杨茂森	杨维田
	张文升	张文南	张茂海	张振城	陈树林	赵洪波
	袁义林	袁世俊	徐　莹	高文浩	黄树忠	曹　慧
	韩冠生	韩家迅	慈春增	燕黎明		
总 策 划	袁世俊	闫庆健				
策　　划	李秉桦	李群成	周杰三	刘培杰	杨福亮	

编撰委员会

主　　编　李昌武　刘效武
副 主 编　薛彦斌　李兴军　孙有华
编　　委（按姓氏笔画为序）

于建慧	王　朋	王红杰	王金栋	王思文	王继林
王敬礼	朱在军	朱振华	刘　曦	刘子祥	刘长政
刘玉昌	刘玉祥	刘金同	孙仲春	孙安源	杨志强
杨现昌	杨维国	李美芹	李冠桥	李桂华	李海燕
宋峰泉	张子泉	张凤彩	张砚祥	张恩荣	张照松
陈伟华	邵世磊	林聚家	国乃全	周衍庆	郎德山
赵世龙	胡立业	胡国庆	信俊仁	信善林	耿玉芳
夏光顺	柴立平	郭龙文	黄　朝	黄本东	崔永峰
崔改泵	葛汝凤	葛怀圣	董宜顺	董绳民	焦方增
舒　安	蔡英明	魏华中			

校　　订　王冠三　魏道揆　刘东阜　侯如章

学术顾问组织

中国科学院
中国农业科学院
中国农业历史学会
中华农业文明研究院
中国农业历史文化研究中心
农业部农村经济研究中心
山东省农业科学院
山东省农业历史学会

序一

《齐民要术》是我国现存最早、最完整的一部古代综合性农学巨著，在中国传统农学发展史上是一个重要的里程碑，在世界农业科技史上也占有非常重要的地位。

《齐民要术》共10卷，92篇，11万多字。全书"起自耕农，终于醯醢，资生之业，靡不毕书"，规模巨大，体系完整，系统地总结了公元6世纪以前黄河中下游旱作地区农作物的栽培技术、蔬菜作物的栽培技术、果树林木的栽培技术、畜禽渔业的养殖技术以及农产品加工与贮藏、野生植物经济利用等方面的知识，是当时我国最全面、系统的一部农业科技知识集成，被誉为中国古代第一部"农业百科全书"。

《齐民要术》研究会组织包括高校科研人员、地方技术专家等20多人在内的精干力量，凝心聚力，勇担重任，经过三年多的辛勤工作，完成了这套近400万字的《中华农圣贾思勰与〈齐民要术〉研究丛书》。该《丛书》共三辑15册，体例庞大，内容丰富，观点新颖，逻辑严密，既有贾思勰里籍考证、《齐民要术》成书背景及版本的研究，又有贾思勰农学思想、《齐民要术》所涉及农林牧渔副等各业与当今农业发展相结合等方面的研究创新。这些研究成果与我国农业当前面临问题和发展的关系密切，既能为现代农业发展提供一些思路和有益参考，又很好地丰富了传统农学文化研究的一些空白，可喜可贺。可以说，这是国内贾思勰与《齐民要术》研究领域的一部集大成之作，对传承创新我国传统农耕文化，服务现代农业发展将发挥积极的推动作用。

《中华农圣贾思勰与〈齐民要术〉研究丛书》能得到国家出版基金资助，列入"十三五"国家重点图书出版规划项目，进一步证明了该《丛书》的学术价值与应用价值。希望该《丛书》的出版能够推动《齐民要术》的研究迈上新台阶；为推进现代农业生态文明建设，实现农业的可持续发展提供有益的借鉴；为传承和弘扬中华优秀传统文化，展现中华民族的精神文化瑰宝，提升中国的文化软实力发挥作用。

中国工程院副院长
中国工程院院士

2017 年 4 月

序 二

中国是世界四大文明古国之一，也是世界第一农业大国。我国用不到世界9%的耕地，养活了世界21%的人口，这是举世瞩目的巨大成绩，赢得世人的一致称赞。对于我国来说，"食为政首""民以食为先"，解决人的温饱是最大问题，也是我国的特殊国情，所以，从帝制社会开始，历朝历代，都重视农业，把农业作为"资生之业"，同时又将农业技术的改良、品种的选优等放在发展农业的优先位置，这方面的成就是为世界公认的，并作为学习的榜样。

中华农圣贾思勰所撰农学巨著《齐民要术》，是每位农史研究者必读书目，在国内外影响极大，有很多学者把它称为"中国古代农业的百科全书"。英国著名科学家达尔文撰写《物种起源》时，也强调其重要性，在有些篇章有些字句里面，也引用了《齐民要术》和中国农书的一些重要成果，对它给予充分肯定。研究中国农业，《齐民要术》是一座绕不开的丰碑。《齐民要术》是古代完整的、全面的农业著作，内容相当丰富，从以下几方面，可以看出贾思勰的历史功绩。

在农作物的栽培技术方面，他详细记叙了轮作与间作套种方法。原始农业恢复地力的方法是休闲，后来进步成换茬轮作，避免在同一块地里连续种植同一作物所引起的养分缺乏和病虫害加重而使产量下降。在这方面，《齐民要术》记述了20多种轮作方法，其中最先进的是将豆科作物纳入轮作周期。在当时能认识到豆科植物有提高土壤肥力的作用，是农业上很大的进步，这要比英国的绿肥轮作制（诺福克轮作制）早1 200多年。间作套种是充分利用光能和地力的增产措施，《齐民要术》记述着十几种做法，这反映了当时间作套种技术的成就。

对作物播种前种子的处理，提出了泥水选种、盐水选种、附子拌种、雪水浸种等方法，这都是科学的创见。特别是雪水浸种，以"雪是五谷之精"提出观点，事实上，雪水中重水含量少，能促进动植物的新陈代谢（重水是氢的同位素重氢和氧化合成的水，对生物体的生长发育有抑制作用），科学实验证明，在温室中用雪水浇灌，可使黄瓜、萝卜增产两成以上。这说明在1 400多年前劳动人民已从实践中觉察到雪水和普通水的不同作用，实为重要的发现。在《收种第二》篇中，对选种育种更有一整套合乎科学道理的方法："粟、黍、穄、粱、秫，常岁岁别收，选好穗纯色者，劁刈高悬之，至春治取，别种，以拟明年种子。其别种种子，常须加锄。先治而别埋，还以所治襄草蔽窖。不尔，必有为杂之患。"这里所说的，就是我们沿用至今的田间选种、单独播种、单独收藏、加工管理的方法。

《齐民要术》记载了我国丰富的粮食作物品种资源。粟的品种97个，黍12个，穄6个，粱4个，秫6个，小麦8个，水稻36个（其中糯稻11个）。贾思勰根据品种特性，分类加以命名。他对品种的命名采用三种方式：一是以培育人命名，如"魏爽黄""李浴黄"等；二是"观形立名"，如高秆、矮秆、有芒、无芒等；三是"会义为称"，即据品种的生理特性如耐水、抗虫、早熟等命名。他归纳的这三种命名方式，直到现在还在使用。

在蔬菜作物的栽培技术方面，成就斐然。《齐民要术》第15~29篇都是讲的蔬菜栽培。所提到的蔬菜种类达30多种，其中约20种现在仍在继续栽培，寿光市现在之所以蔬菜品种多、技术好、质量高，与此不无传承关系。《齐民要术》在《种瓜第十四》篇中，提到种瓜"大豆起土法"，这是在种瓜时先用锄将地面上的干土除去，再开一个碗口大的土坑，在坑里向阳一边放4颗瓜子、3颗大豆，大豆吸水后膨胀，子叶顶土而出，瓜子的幼芽就乘势省力地跟着出土，待瓜苗长出几片真叶，再将豆苗掐断，使断口上流出的水汁，湿润瓜苗附近的土壤，这种办法，在20世纪60—70年代还被某外国农业杂志当作创新经验介绍，殊不知贾思勰在1 400年前就已经发现并总结入书了。又如，从《种韭第二十二》篇可以看出，当时的菜农已经懂得韭菜的"跳根"现象，而采取"畦欲极深"和及时培土的措施来延长采割寿命。这说明那时的贾思勰对韭菜新生鳞茎的生物学特点已经有所认识。再如，对韭菜新陈种籽的鉴别，采用了"微煮催芽法"来检验，"微煮"二字非常重要，这一方法延续到现在。

在果树栽培方面，《齐民要术》写到的品种达30多种。这些果树资料，对世界各国果树的发展起过重要作用。如苏联的植物育种家米丘林和美国、加拿大的植物育种家培育的寒带苹果，都是用《齐民要术》中提到的海棠果作亲本培育成功的。在果树的繁殖上贾思勰记载了数种嫁接技术。为使果类增产，他还提出"嫁枣"（敲打枝干）、疏花的措施，以减少养分的虚耗，促多坐果，这是很有见地的。

在养殖业方面，《齐民要术》从大小牲畜到各种鱼类几乎都有涉猎，记之甚详，特别大篇幅强调了马的饲养。从养马、相马、驯马、医马到定向选育、培育良种都作了科学的论述，现在世界各国的养马业，都继承了这些理论和方法，不过更有所提高和发展罢了。

在农产品的深加工方面，记述的餐饮制品从酒、酱到菜肴、面食等，多达数百种，制作和烹饪方法多达20余种，都体现了较高的科技水平。在《造神曲并酒第六十四》篇中的造麦曲法和《笨曲并酒第六十六》篇中的三九酒法，记载着连续投料使霉菌得到深层培养，以提高酒精浓度和质量的工艺，这在我国酿酒史上具有重要意义。

贾思勰除了在农业科学技术方面有重大成就外，还在生物学上有所发现。如对植物种间相互抑制或促进的认识和利用以及对生物遗传性、变异性和人工选择的认识和利用等。达尔文《物种起源》第一章《家养状况下的变异》中提到，曾见过"一部中国古代的百科全书"，清楚地记载着选择，经查证这部书就是《齐民要术》。总之，《物种起源》和《植物和动物在家养下的变异》中都参阅过这部"中国古代百科全书"，六次提及《齐民要术》，并援引有关事例作为他的著名学说——进化论佐证。如今《齐民要术》更是引起欧美学者的极大关注和研究，说它"即使在世界范围内也是卓越的、杰出的、系统完整的农业科学理论与实践的巨著。"

达尔文在《物种起源》中谈到人工选择时说："如果以为这种原理是近代的发现，就未免与事实相差太远。在一部古代的中国百科全书中，已有关于选择原理的明确记述。""农学家们的普遍经验具有某种价值，他们常常提醒人们当把某一地方产物试在另一地方栽培时要慎重小心。中国古代农书作者建议栽培和维持各个地方的特有品种。"达尔文说："在上一世纪耶稣会士们出版了一部有关中国的大部头著作，这部著作主要是根据古代中国百科全书编成的。关于绵羊，书中说'改良品种在于特别细心地选择预定作繁殖之用的羊羔，对它们善加饲养，保持羊群隔离。'中国人对于各种植物和果树也应用了同样的选择原理。""物种能适应于某种特殊风土有多少是单纯由于其习性，有多少是由于具备不同内在体质的变种之自然选择，以及有多少是由于两者合在一起的作用，却是个朦胧不清的问题。根据类例推理和农书中甚至古代中国百科全书中提出的关于将动物从一个地区迁移至另一地区饲养时要极其谨慎的不断忠告，我应当相信习性有若干影响的说法。"

李约瑟是英国近代生物化学家和科学技术史专家、原英国皇家学会会员（FRS）、原英国学术院院士（FBA）、剑桥大学李约瑟研究所创始人，其所著《中国的科学与文明》（即《中国科学技术史》）对现代中西文化交流影响深远。李约瑟评价说："中国文明在科学史中曾起过从未被认识的巨大作用，在人类了解自然和控制自然方面，中国有过贡献，而且贡献是伟大的。"李约瑟及其助手白馥兰，对贾思勰的身世背景作了叙述，侧重于《齐民要术》的农业技术体系构建，就种植制度、耕作水平、农器组配、养畜技艺、加工制作以及中西农耕作业的比较进行了阐述，并指出："《齐民要术》是完整保留至今的最早的中国农书，其行文简明扼要，条理清晰，所述技术水平之高，更臻完美。其结果是这本著作长期使用至今还基本上是完好无损。""《齐民要术》所包含的技术知识水平在后来鲜少被超越。"

日本是世界上保存世界性巨著《齐民要术》的版本最多的国家，也是非汉语国度研究《齐民要术》最深入的国家。日本学者薮内清在《中国、科学、文明》一书中说："我们的祖先在科学技术方面一直蒙受中国的恩惠，直到最近几年，日本在农业生产技术方面继续沿用中国技术的现象还到处可见。"并指出："贾思勰的《齐民要术》一书，详细地记述了华北干燥地区的农业技术，在日本，出版了这本书的译本，而且还出现了许多研究这本书的论文。"日本鹿儿岛大学原教授、《齐民要术》研究专家西山武一在《亚洲农法和农业社会》（东京大学出版会，1969）的后记中写道："《齐民要术》不仅是中国农书中的最高峰，也是最难读懂的农书之一。它宛如瑞士的高山艾格尔峰（Eiger）的悬崖峭壁一般。不过，如果能够根据近代农学的方法论搞清楚其书写的旱地农法的实态的话，那么《齐民要术》的谜团便会云消雾散。"日本研究《齐民要术》专家神谷庆治在西山武一、熊代幸雄《校订译注〈齐民要术〉》的"序文"中就说，《齐民要术》至今仍有惊人的实用科学价值。"即使用现代科学的成就来衡量，在《齐民要术》这样雄浑有力的科学论述前面，人们也不得不折服。在日本旱地农业技术中，也存在春旱、夏季多雨等问题，而采取的对策，和《齐民要术》中讲述的农学原理有惊人的相似之处"。神谷庆治在论述西洋农学和日本农学时指出："《齐民要术》不单是千百年前中国农业的记载，就是从现代科学的本质意义上来看，也是世界上的农书巨著。日本曾结合本国的实际情况和经验，加以比较对照，消化吸收其书中的农学内容"。日本农史学家渡部武教授认为："《齐民要术》真可以称得上集中国人民智慧大成的农书中之雄，后世几乎所有的中国农书或多或少要受到《齐民要术》的影响，又通过劝农官而发挥作用。"日本学者山田罗谷评价说："我从事农业生产三十余年，凡是民家生产上生活上的事，只要向《齐民要术》求教，依照着去做，经过历年的试行，没有一件不成功的。尤其关于农业生产的切实指导，可以和老农的宝贵经验媲美的，只有这部书。所以要特为译成日文，并加上注释，刊成新书行世。"

《齐民要术》在中国历朝历代，更被奉为至宝。南宋的葛祐之在《齐民要术后序》中提到，当时天圣中所刊的崇文院版本，不是寻常人可见，藉以称颂张辚能刊行于州治，"欲使天下之人皆知务农重谷之道"。《续资治通鉴长编》的作者南宋李焘推崇《齐民要术》，说它是"在农家最翘然出其类"。明代著名文学家、思想家、哲学家，明朝文坛"前七子"之一，官至南京兵部尚书、都察院左都御史的王廷相，称《齐民要术》为"惠民之政，训农裕国之术"。20世纪30年代，我国一代国学大师栾调甫称《齐民要术》一书："若经、若史、若子、若集。其刻本一直秘藏于皇家内库，长达数百年，非朝廷近人不可得。"著名经济史学家胡寄窗说："贾思勰对一个地主家庭所须消费的生活用品，如各种食品的加工保持和烹调方法；如何养鱼养马；甚至连制造笔墨及其原材料等所应具备的知识，无不应有尽有。其记载周详细致的程度，绝对不下于举世闻名的古希腊色诺芬为教导一个奴隶主如何管理其农庄而编写的《经济论》。"

寿光是贾思勰的故里，我对寿光很有感情，也很有缘源，与其学术活动和交流十分频繁。2006年4月，我应中国（寿光）国际蔬菜博览会组委会、潍坊科技职业学院（现潍坊科技学院）、寿光市齐民要术研究会的邀请，来到著名的中国蔬菜之乡寿光，参观了第七届中国（寿光）国际蔬菜博览会，感到非常震撼，与会"《齐民要术》与现代农业高层论坛"，我在发言中说："此次来到中国蔬菜之乡和贾思勰的故乡，受益匪浅。《齐民要术》确实是每个研究农学史学者必读书目，在国内外影响非常之大，有很多学者把它称为是中国古代农业的百科全书，我们知道达尔文写进化论的时候，他也在书中强调，在有些篇章有些字句里面，也引用了《齐民要术》和中国农书的一些重要成果，对它给予充分肯定。《齐民要术》研究和现代农业研究结合起来，学习和弘扬贾思勰重农、爱农、富农的这样一个思想，继承他这种精神财富，来建设我们的新农村，是一个非常重要的主题。寿光这个地方有着悠久的传统，在农业方面有这样的成就，古有贾思勰、今有寿光人，古有《齐民要术》、今有蔬菜之乡，要把这个资源传统优势发挥出来"。2006 年 5 月，潍坊科技职业学院副院长薛彦斌博士前往南京农业大学中华农业文明研究院，我带领薛院长参观了中华农业文明研究院和古籍珍本室，目睹了中华农业文明研究院馆藏镇馆之宝——明嘉靖三年马直卿刻本《齐民要术》，薛院长与我、沈志忠教授一起商议探讨了《〈齐民要术〉与现代农业高层论坛论文集》的出版事宜，决定以 2006 年增刊形式，在 CSSCI 核心期刊《中国农史》上发表。2006 年 9 月，我与薛院长又一道同团参加了在韩国水原市举行的、由韩国农业振兴厅与韩国农业历史学会举办的"第六届东亚农业史国际研讨会"，来自中韩日三国的 60 余名学者参加了学术交流，进一步增进了潍坊科技学院与南京农业大学之间的了解和学术交流。2015 年 7 月，寿光市齐民要术研究会会长刘效武教授、副会长薛彦斌教授前往南京农业大学中华农业文明研究院，与我、沈志忠教授一起，商议《中华农圣贾思勰与〈齐民要术〉研究丛书》出版前期事宜，我十分高兴地为该丛书写了推荐信，双方进行了深入的学术座谈、并交换了学术研究成果。2016 年 12 月，薛院长又前往南京农业大学中华农业文明研究院，向我颁发了潍坊科技学院农圣文化研究中心学术带头人和研究员聘书，双方交换了学术研究成果。寿光市齐民要术研究会作为基层的研究组织，多年来可以说做了大量卓有成效的优秀研究工作，难能可贵。特别是此次，聚心凝力，自我加压，联合潍坊科技学院，推出这项重大研究成果——《中华农圣贾思勰与〈齐民要术〉研究丛书》，即将由中国农业科学技术出版社出版，并荣获国家新闻出版广电总局 2016 年度国家出版基金资助，入选"十三五"国家重点图书出版规划项目，可喜可贺。在策划和写作过程中，刘效武教授、薛彦斌教授始终与我保持着学术联系和及时沟通，本人有幸听取该丛书主编刘效武教授、薛彦斌教授对丛书总体设计的口头汇报，又阅读"三辑"综合内容提要和各分册书目中的几册样稿，觉得此套丛书的编辑和出版十分必要、非常适时，它既梳理总结前段国内贾学研究现状，又用大量现代农业创新案例展示它的博大精深，同时也填补了国内这一领域中的出版空白。该丛书作为研读《齐民要术》宝库的重要参考书之一，从立体上挖掘了这部世界性农学巨著的深度和广度。丛书从全方位、多角度进行了比较详细的探讨和研究，形成三辑 15 分册、近 400 万字的著述，内容涵盖了贾思勰与《齐民要术》研读综述、贾思勰里籍及其名著成书背景和历史价值、《齐民要术》版本及其语言、名物解读、《齐民要术》传承与实践、贾思勰故里现代农业发展创新典型等方方面面，具有"内容全面""地域性浓""形式活泼"等特色。所谓内容全面：既考订贾思勰里籍和《齐民要术》语言层面的解读，同时也对农林牧副渔如何传承《齐民要术》进行较为全面的探讨；地域性浓：即指贾思勰故里寿光人探求贾学真谛的典型案例，从王乐义"日光温室蔬菜大棚"诞生，到"果王"蔡英明——果树"一边倒"技术传播，再到庄园饮食——"齐民大宴"，及"齐民思酒"的制曲酿造等，突出了寿光地域特色，展示了现代农业的创新成果；形式活泼：即指"三辑"各辑都有不同的侧重点，但分册内容类别性质又有相同或相近之处，每分册的语言尽量做到通俗易懂，图文并茂，以引起读者的研读兴趣。

　　鉴于以上原因，本人愿意为该丛书作序，望该套丛书早日出版面世，进一步弘扬中华农业文明，并发挥其经济效益和社会效益。

（南京农业大学中华农业文明研究院院长、教授、博士生导师）

2017 年 3 月

序 三

　　寿光市位于山东半岛中北部，渤海莱州湾南畔，总面积2 072平方千米，是"中国蔬菜之乡""中国海盐之都"，被中央确定为改革开放30周年全国18个重大典型之一。

　　寿光乾坤清淑、地灵人杰。有7 000余年的文物可考史，有2 100多年的置县史，相传秦始皇筑台黑冢子以观沧海，汉武帝躬耕汜淀湖教化黎民，史有"三圣"：文圣仓颉在此创造了象形文字、盐圣夙沙氏开创了煮海为盐的先河，农圣贾思勰著有世界上第一部农学巨著《齐民要术》，在这片神奇的土地上，先后涌现出了汉代丞相公孙弘、徐干，前秦丞相王猛，南北朝文学家任昉等历史名人，自古以来就有"衣冠文采、标盛东齐"的美誉。

　　食为政之首，民以食为天。传承先贤"苟日新，日日新，又日新"的创新基因，勤劳智慧的寿光人民以"敢叫日月换新天"的气魄与担当，栉风沐雨、自强不息，创造了一个又一个绿色奇迹，三元朱村党支部书记王乐义带领群众成功试种并向全国推广了冬暖式蔬菜大棚，连续举办了17届中国（寿光）国际蔬菜科技博览会，成为引领现代农业发展的"风向标"。近年来，我们深入推进农业供给侧结构性改革，大力推进旧棚改新棚、大田改大棚"两改"工作，蔬菜基地发展到近6万公顷，种苗年繁育能力达到14亿株，自主研发蔬菜新品种46个，全市城乡居民户均存款15万元，农业成为寿光的聚宝盆，鼓起了老百姓的钱袋子，贾思勰"岁岁开广、百姓充给"的美好愿景正变为寿光大地的生动实践。

　　国家昌泰修文史，披沙拣金传后人。贾思勰与《齐民要术》研究会、潍坊科技学院等单位的专家学者呕心沥血、焚膏继晷，历时三年时间撰写的这套三辑

15 分册，近 400 万字的《中华农圣贾思勰与〈齐民要术〉研究丛书》即将面世了，丛书既有贾思勰思想生平的旁求博考，又有农圣文化的阐幽探赜，更有农业前沿技术的精研致思，可谓是一部研究贾思勰及农圣文化的百科全书。时值改革开放 40 周年之际，它的问世可喜可贺，是寿光文化事业的一大幸事，也是贾学研究具有里程碑意义的一大盛事，必将开启贾思勰与《齐民要术》研究的新纪元。

抚今追昔，意在登高望远；知古鉴今，志在开拓未来。寿光是农业大市，探寻贾思勰及农圣文化的精神富矿，保护它、丰富它并不断发扬光大，是我们这一代人义不容辞的历史责任。当前，寿光正处在全面深化改革的历史新方位，站在建设品质寿光的关键发展当口，希望贾思勰与《齐民要术》研究会及各位研究者，不忘初心，砥砺前行，以舍我其谁的使命意识、只争朝夕的创业精神、踏石留印的务实作风，"把跨越时空、超越国度、富有永恒魅力、具有当代价值的文化精神弘扬起来"，继续推出一批更加丰硕的理论成果，为增强国人的道路自信、理论自信、制度自信、文化自信提供更加坚实的学术支持，为拓展农业发展的内涵与深度不断添砖加瓦，为在更高层次上建设品质寿光作出新的更大贡献！

（中共寿光市委书记）

2017 年 3 月

前 言

　　"竟宁中……太官园种冬生葱韭菜茹，覆以屋庑，昼夜然蕴火，待温气乃生，信臣以为此皆不时之物，有伤于人，不宜以奉供养，及它非法食物，悉奏罢。"

　　上文见于《汉书》卷八十九《循吏传》。大意是说，公元前33年，西汉皇家园中有人在冬天种植了新鲜的葱、韭等，供奉给汉元帝。这些蔬菜在暖房中，白天夜晚都要人烧火，达到一定温度才能生长。位列九卿的召信臣竟然奏请皇帝免除此项，他认为这是"非法""不时"之物，对人有害。所谓"非法""不时"，是不符合古人农事的"春种、夏长、秋收、冬藏"季节特性。假若尝到新鲜蔬菜的汉元帝有点远见，认为可以推行，那将是当时一项伟大的创举，堪比造纸术的发明，影响深远。

　　我于20世纪90年代初，对汉代的人与事偶感兴趣，便借阅《史记》《汉书》，间做摘录。当时家乡人民已在田间建起大片拱棚和低矮型日光温室，一年四季吃上了新鲜蔬菜；蔬菜远销全国各地，成为村民致富的主要途径。寿光遂有"菜乡"之誉。我不禁为两千年前劳动者的聪明才智所折服。召信臣在地方任职时，"治行常为第一"，深受百姓爱戴，主要是他"好为民兴利，务在富之"。而在"冬生菜茹"这一点上，他又缺乏战略眼光，只为每年节省几千万文钱，却使百姓生活在难以果腹的低水平。我不禁深深痛惜，常默识之！

　　2010年夏，我购得《齐民要术》（繁体字版），其《序》中有召信臣的富农事迹，多出自《汉书·循吏传》。同又记载："龚遂为渤海，劝民务农桑，令口种一树榆，百本薤，五十本葱，一畦韭，家二母彘，五鸡……郡中皆有畜积，吏

1

民皆富实。"龚遂七十余岁时任渤海太守，其富农措施具体分工到每个家庭、每个人，规定每家养两头母猪、五只鸡。这一点他吸纳了孟子的思想。孟子说："五母鸡，二母彘，无失其时，老者足以无失肉矣。"龚遂规定每人种一棵榆树，还要种薤、葱、韭菜等。

"薤"是何种蔬菜？读音如何？让人颇感陌生。我从手头的辞书中查询。《说文》："薤，菜也，叶似韭。"《玉篇》："薤，荤菜也，俗作薤。"《尔雅》："薤，鸿荟。"郭璞注："即薤菜也。"《本草纲目》："薤，本文作薤，韭类也。""八月栽根，正月分莳，宜肥壤，数枝一本则茂，而根大叶壮似韭。韭叶中实而扁，有剑脊。薤叶中空似细葱叶而有棱，气亦如葱。二月开细花，紫白色，根如小蒜，一本数颗，相依而生……"

"薤"简写作"薤"，读音 xiè，古已有之，而今家乡无种植。《山海经·北山经》："（丹熏之山）其草多韭薤。"《礼记·少仪》："为君子择葱薤，则绝其本末。"《黄帝内经》中亦有"五菜：葵甘、韭酸、藿咸、薤苦、葱辛"之语，古人食用之并以其地下生长的鳞茎入药，即"薤白"，俗称"薤（jiào）头""薤子"，又称"小根蒜""野蒜"。薤是荤菜。唐代杜甫在晚年生活困苦，好友送来一筐新鲜的薤菜，真如雪中送炭，杜甫写诗《秋日阮隐居致薤三十束》以表感激之情。东汉庞参拜访任棠，任棠却未相迎，一言不发，"但以薤一大本，水一盂，置户屏前，自抱孙儿伏于户下"，打起了哑谜。庞参思量了好久才晓其意："水者，欲吾清也。拔大本薤者，欲吾击强宗也。抱儿当户，欲吾开门恤孤也。"庞参在任汉阳太守期间，压制豪强，扶弱救孤，政绩有声，深得民心。

"彘"的意思不难理解，《说文》："彘，豕也。"一般指大猪。研读《齐民要术》发现，《蒸缹法第七十七》中有"蒸肫法"，此"肫"即"豚"，是小猪，有时又异写作"豘"。这也需要读者稍稍了解。

《齐民要术》卷六《养鹅鸭第六十》中有"作杬子法"："取杬木皮，《尔雅》曰：'杬，鱼毒。'郭璞注曰：'杬，大木，子似栗，生南方，皮厚汁赤，中藏卵、果。'……"

原注中，《尔雅》释"杬，鱼毒"与郭璞注"杬，大木……"相邻，不细心者也不会注意有别。"杬子"，即腌禽类的卵。左思《吴都赋》中提及"杬"，李善注引："杬，大树也。其皮厚，味近苦涩，剥干之，正赤，煎讫以藏众果，使不烂败，以增其味。"此义与郭璞注相似。杬树能结果实（"子似栗"），树皮很厚，剥下晒干煮汁，汁液呈红色，味稍苦。

疑因在于"杬"字亦写作"芫"。芫,《说文》:"鱼毒也。"《广韵》:"草名,有毒,可为药也。"《急就篇》第二十五章有"芫花",颜师古注:"芫花,一名鱼毒,渔者煮之,以投水中,鱼则死而浮出,故以为名……"芫是一种落叶灌木,花先叶开放,淡紫色,有毒,花蕾可入药。人们因其气恶,俗称之为头痛花。渔夫煮花投放水中,鱼被毒昏迷上浮,渔夫可轻松捞获。李时珍认为"芫花乃下品毒物",是不可以用来腌鸭蛋之类食品的。《尔雅》所释的"鱼毒"属落叶灌木,当然与高大的杬树不同,应是两种植物。

以上琐言,固是谫陋,漫漫写之,贻笑大方矣!

编著者
2016 年 12 月

撰写说明

　　《齐民要术》是我国农学名著，成书于公元 6 世纪，距今已近 1 500 年。此书以古文撰成，有些字的音、义与现代汉语差异较大，文中穿插引用了不少古典文献资料，以及古人在传抄中不可避免地存在讹误脱漏改现象，而使当今人们阅读此书时有较大的文字障碍。

　　《齐民要术》中的注音分直音法、反切法。直音法是用一个字来注另一个字的音，自汉代末期人们渐渐知道用反切以济直音之穷，即用两个字来拼合成另一个字的读音，上字与所切之字的声母相同，下字与所切之字的韵母和声调相同。反切音属中古音，与现代汉语又有了不同。书中的难字今采用现代汉语拼音方案的要求标注，古音的读法能查到的也在字义解析后标明。

　　书中难字有些是多音多义的，用"一、二、三……"分列音项，同一音项下有不同义项的用"1.2.3……"分列。通假字或临时语境借用字、音的将不作为多音多义字分列。由于历史原因，个别字通常有两个读音的，标明"又音"或"古音又读"。

　　繁体字简化后，有些仍难以查找或解析的字，在释义时不可避免地用到繁体，以从其形体、结构解释字义，选用《说文》《玉篇》《尔雅》《广韵》《集韵》等古代字书的相关内容以了解其沿革。字例结合古典文献与《齐民要术》篇目，以帮助读者更好地理解字义。

目 录

2

3

4

7

9

12

17

19

25

正 文

耒 lěi

古人用坚韧树枝制成的分叉形翻土农具，上有曲柄，下部可松土，可视为犁的前身。《说文》："耒，手耕曲木也。"《古史考》："神农作耒。"《周礼·考工记》："车人为耒。"《庄子·胠箧》："耒耨之所刺。"李贤注："耒，耜柄也，犁也。"

耜 sì

本义为原始农具耒下端的部件，形状像今天的铁锹，用以翻土。最早是木制的，后以金属制成。本作"枱"，《说文》："枱，臿（chā，掘土工具）也。"今写作"耜"。《玉篇》："耜，耒端木。"《释名》："耜，似也，似齿之断物也。"《六书故》："耜，耒下刺土臿也。古以木为之，后世以金。"《易经·系辞下》："斲（zhuó，砍）木为耜。"《周礼·考工记·匠人》："耜广五寸。"贾公彦疏："耜谓耒头金，金广五寸。"《吕氏春秋·任地》："耜博八寸。"《国语·周语中》："民无悬耜，野无奥草。"韦昭注："入土曰耜，耜柄曰耒。"引申为以耜铲土。《周礼·秋官·薙氏》："薙（tì）氏掌杀草……冬日至而耜之。"郑玄注："耜之，以耜测冻土划（chǎn）之。"

耒耜也用作农具的统称。《说文》："古者垂作耒枱（耜）以振民也。"《齐民要术·耕田第一》引《世本》："倕作耒耜。"又引《礼记·月令》："季冬之月……修耒耜，具田器。"郑玄注："耜者，耒之金，耜广五寸。"

1

乂 yì

1. 割谷草等。《说文》：“乂，芟（shān）草也。”后写作“刈”。
2. 治理。《尔雅》：“乂，治也。”《尚书·尧典》：“下民其咨，有能俾乂。”引申为妥当，安定。
3. 古时称有才德的人。《广韵》：“乂，才也。”《尚书·皋陶谟》：“俊乂在官。”孔颖达疏：“才德过千人为俊，百人为乂。”

廪 lǐn

米仓；也指储藏的粮食。《广雅》：“廪，仓也。”《广韵》：“仓有屋曰廪。”《周礼·地官·廪人》郑玄注：“廪，盛米曰廪。”《释名》：“廪，矜也。宝物可矜惜者投之于其中也。”《韩非子·外储说右上》：“发廪粟以赋众贫。”仓廪泛指粮食仓库。《管子·牧民》：“仓廪实则知礼节。”晁错《论贵粟疏》：“广蓄积，以实仓廪。”

谨 jǐn

1. 慎重；恭敬。《说文》：“谨，慎也。”《玉篇》：“谨，敬也。”《齐民要术·序》：“谨能胜祸。”
2. 紧密细致。《齐民要术·蔓菁第十八》“蒸干芜菁根法”：“谨谨着牙，真类鹿尾。”
3. 借用为“劐（jìn）”，割划。《玉篇》：“劐，割也。”《齐民要术·炙法第八十》“炙鱼”：“鳞治，刀细谨。无小用大，为方寸准，不谨。”指在鱼身上细划许多裂痕，使佐料易浸入。

悝 kuī

1. 嘲笑。《说文》：“悝，啁也。”段玉裁注：“啁，即今嘲字。悝，即今诙字……”
2. 病，忧伤。

匮 guì，kuì

1. guì，盛放物品的器具。《说文》："匮，匣也。"《六书故》："今通以藏器之大者为匮，次为匣。"《史记·太史公自序》："䌷（chōu）史记石室金匮之书。"今多写作"柜"。

2. kuì，缺乏；空。《说文》："匮，一曰乏也。"《左传·宣公十二年》："民生在勤，勤则不匮。"《齐民要术·杂说》："夫治生之道，不仕则农；若昧于田畴，则多匮乏。"

盱 xū

1. 睁开眼看。《说文》："盱，张目也。"《龙龛手鉴》："盱，仰目也。"

2. 忧愁。《尔雅》："盱，忧也。"《诗经·小雅·都人士》："我不见兮，云何盱矣？"郑玄笺："盱，病也。"

祭 jì

1. 用酒肉祭祀。《说文》："祭，祀也。"《礼记·祭统》："祭者，所以追养继孝也。"

2. 通"际"。《广雅》："祭，际也。"《春秋繁露》卷十六《祭义》："祭之为言，际也。"《齐民要术·序》："汤由苦旱，以身祷于桑林之祭。""桑林之祭"在《淮南子·主术训》中作"桑林之际"。

癯 qú

同"臞"，身体瘦。《说文》："臞，少肉也。"《尔雅》："臞，瘠也。"《集韵》："臞，或作癯。"《论衡·道虚》："心愁忧苦，形体赢癯。"

胼 pián 胝 zhī

手掌、脚掌上的厚皮，俗称"茧子"。《玉篇》："胼，皮厚也。"即手足局部皮肤因长期受压迫摩擦而起的硬且平滑的增厚角质。《荀子·子道》："耕耘树艺，手足胼胝，以养其亲。"

赡 shàn

供给，供养。《说文》："赡，给也。"引申为周济、帮助。《晋书·羊祜传》："皆以赡给九族，赏赐军士。"《齐民要术·杂说第三十》："顺阳布德，振赡穷乏。"

囷 qūn

圆形的谷仓。《说文》："囷，廪之圆者，从禾在口中。圆谓之囷，方谓之京。""口"即"围"古字，"禾"指"五谷"。《广韵》："仓圆为囷。"《诗经·魏风·伐檀》："胡取禾三百囷兮？"郑玄笺："圆者为囷。"《荀子·荣辱》："余刀布，有囷廪。"杨倞注："圆曰囷，方曰廪。"《齐民要术·序》："田者不强，囷仓不盈。"

簠 fǔ

本义指古代祭祀、宴享时盛放黍、稷、粱、稻等饭食的方形器具，有两耳，多用青铜制成。《说文》："簠，黍稷圆器也。"段玉裁注："簠，盛稻粱。"《仪礼·公食大夫礼》："左拥簠粱。"《仪礼·聘礼》："两簠继之，粱在北。"

簋 guǐ

古代青铜或陶制盛食物的容器，圆口，两耳或四耳。簋常在宴享和祭祀时以偶数与鼎配合使用。天子用九鼎八簋，诸侯用七鼎六簋，卿大夫用五鼎四簋，士用三鼎二簋。《说文》："簋，黍稷方器也。"《广韵》："簋，内圆外方曰簋。"《易经·损卦》："二簋可用享。"《诗经·小雅·伐木》："于粲洒扫，陈馈八簋。"《诗经·秦风·权舆》："于我乎每食四簋。"毛传："四簋：黍稷稻粱。"《仪礼·公食大夫礼》："簋实实于筐。"

簠、簋多连用，指食器或祭器。《广韵》："簠簋，祭器，受斗二升。"《孝经·丧亲》："陈其簠簋而哀戚之。"《淮南子·泰族训》："陈簠簋，列樽俎，设笾豆者，祝也。"许慎注："器方中者为簠，圆中者为簋。"《周礼·地官·舍人》："凡祭祀共（供）簠簋，实之陈之。"郑玄注："方曰簠，圆曰簋，盛黍稷稻粱器。"借指酒筵、礼仪。《晏子春秋·杂上十二》："夫布荐席，陈簠簋者，

4

有人，臣不敢与焉。"柳宗元《元和圣德诗》："掉弃兵革，私习篡篡。"

釜 fǔ

1. 古代炊食器，敛口圆底，或有二耳，有陶制、铁制、铜制的。今指做饭用的锅。颜师古注《急就篇》"釜"："所以炊煮也。大者曰釜。"曹植《七步诗》："其在釜下燃，豆在釜中泣。"

2. 中国古代计量单位。六斗四升为一釜，六石四斗为一钟。《左传·昭公三年》："齐旧四量：豆、区、釜、钟。四升为豆，各自其四，以登于釜，釜十则钟。"春秋时齐国以十釜为钟。《齐民要术·序》："惰者釜之，勤者钟之。"此指辛勤者会比懒惰者多收获十倍。

矧 shěn

1. 另外；况且，何况。《尔雅》："矧，况也。"《尚书·大禹谟》："至诚感神，矧兹有苗。"《诗经·小雅·伐木》："矧伊人矣，不求友生？"

2. 齿龈。《礼记·曲礼上》："笑不至矧，怒不至詈（lì，骂）。"郑玄注："齿本曰矧，大笑则见。"

茹 rú

1. 吃。《方言》卷七："茹，食也。"《礼记·礼运》："饮其血，茹其毛。"

2. 包，围裹。《齐民要术·造神曲并酒第六十四》："十月初冻尚暖，未须茹瓮。"

3. 蔬菜的总称。《汉书·食货志上》："菜茹有畦。"《齐民要术·作菹藏生菜法第八十八》："甘脆可食，亦可为茹。"

缣 jiān

指双经双纬的细密的织物。《说文》："缣，并（应为'兼'）丝缯也。"《释名》："缣，兼也，其丝细致，数兼于绢，染兼五色，细致不漏水也。"《淮南子·齐俗训》："缣之性黄，染之以丹则赤。"《古诗十九首·上山采蘼芜》："新人工织缣，故人工织素。"汉以后，古人多用作赏赠酬谢之物，亦用作货币或书册之称。唐时布帛四丈为一匹，亦称为一缣。《齐民要术·杂说第三十》中引

5

《四民月令》："十月……卖缣帛、弊絮。"又《种瓜第十四》中有"缣瓜"之名。

牍 dú

古时写字的木片。《说文》："牍，书版也。长一尺，既书曰牍，未书曰椠（qiàn）。"引申为公文、书信、书籍等。《史记·周勃传》："吏乃书牍背示之。"《齐民要术·序》："蔡伦立意造纸，岂方缣、牍之烦？"

牸 zì

母牛。《玉篇》："牸，母牛也。"泛指雌性牲畜。《广雅》："牸，雌也。"《孔丛子·陈士义》："子欲速富，当畜五牸。"《说苑·政理》："臣故畜牸牛，生子而大，卖之而买驹。"《史记·平准书》："……亭有畜牸马，岁课息。"

耧 lóu

1. 播种用的农具，前边牵引，后边人扶，翻土部分在下，播种部分在上，可同时完成开沟和下种。《玉篇》："耧，耧犁也。"《广韵》："耧，种具。"耧亦名"耧车""耩子"。王祯《农书》卷十二："耧车，下种器也……然而耧种之制不一，有独脚、两脚、三脚之异……"《齐民要术·序》："皇甫隆乃教作耧犁，所省庸力过半，得谷加五。"

2. 耙松土块。《齐民要术·种瓜第十四》："先卧锄耧却燥土，不耧者，坑虽深大，常杂燥土，故瓜不生。"又《种胡荽第二十四》："昼不盖，热不生；夜不去，虫耧之。"

挛 luán

1. 牵系不断；连缀。《说文》："挛，系也。"《易经·中孚》："有孚挛如，无咎。"孔颖达疏："挛如者，相牵系不绝之名也。"

2. 抽搐；蜷曲不能伸展。《后汉书·杨彪传》："彪见汉祚将终，遂称足挛，不复行。"王安石《洪范传》："筋散则不挛，故辛可以养筋。"《齐民要术·序》："挛缩如羊肠，用布一匹。"又《杂说第三十》："书有毁裂……率皆挛拳，瘢疮硬厚。"

赀 zī

1. 罚缴钱财；财货。《说文》：“赀，小罚以财自赎也。”《玉篇》：“赀，财也，货也。”

2. 对未成年人征收的口赋钱。

3. 计算物品的价格或数量。《齐民要术·序》：“隆又禁改之，所省复不赀。”指节省的费用难以计算。

茨 cí

1. 用茅苇草覆盖屋顶。《说文》：“茨，以茅苇盖屋。”《释名》：“茨，次也，次比草为之也。”《诗经·小雅·甫田》：“如茨如梁。”郑玄笺：“茨，屋盖也。”《庄子·让王》：“原宪居鲁，环堵之室，茨以生草。”

2. 蒺藜。《尔雅》：“茨，蒺藜。”

3. 姓氏。《齐民要术·序》：“茨充为桂阳令……”按：此说茨充任桂阳县令，与《后汉书·茨充传》记载茨充在东汉建武时任桂阳太守不同。

枲 xǐ

1. 大麻的雄株，开雄花，不结果实，亦称枲麻、麻枲。泛指麻。《说文》：“枲，麻也。”《仪礼·丧服礼》：“牡麻者，枲麻也。”《礼记·内则》：“执麻枲，治丝茧。”

2. 麻的种植、纺织。《吕氏春秋·上农》：“是以春秋冬夏，皆有麻枲丝茧之功，以力妇教也。”桓宽《盐铁论·园池》：“田野辟，麻枲治。”《西京杂记》卷二：“公孙弘内服貂蝉，外衣麻枲。”《齐民要术·序》：“五原土宜麻枲，而俗不知织绩。”

“枲”亦写作“菓”。《正字通》：“菓，俗枲字。”

窳 yǔ

1. 凹陷，低下。《史记·孔子世家》：“生而首上圩（yú）顶，故因名丘云。”司马贞索隐：“圩顶，言顶上窳也。”

2. 粗劣，败坏。《新唐书》：“俗不偷薄，器不行窳。”

3. 懒惰。《商君书》："爱子不惰食，惰民不窳，而庸民无所于农，是必农。"《齐民要术·序》："民惰窳，少粗履。"（"窳"自注音"羊主切"。）

炙 zhì

烧或烤。《说文》："炙，炮肉也。"又指烤熟的肉。《齐民要术·序》："盛冬皆然（燃）火燎炙。"

柘 zhè

1. 柘树，也叫"桑柘""柘桑"，树叶可喂蚕。《说文》："柘，桑也。"段玉裁注："柘，柘桑也。"王筠句读："木理枝叶皆不相似，以蚕生而桑未生，先济之柘，故被以桑名。"《齐民要术·序》："（茨）充教民益种桑、柘，养蚕。"又《种桑柘第四十五》："柘叶饲蚕，丝好。作琴瑟等弦，清鸣响彻，胜于凡丝远矣。"

2. 通"蔗"，甘蔗。《南方草木状》："诸柘，一曰甘蔗。"

3. 赤黄色。今有一种颜色称"柘黄"。《本草纲目》："其本染黄赤色，谓之柘黄，天子服。"

纻 zhù

1. 同"苎"，苎麻。《说文》："纻，麻属。细者为绖（quán，细布），粗者为纻。"《周礼·典枲》："掌布缌缕纻之麻草之物。"《诗经·陈风》："东门之池，可以沤纻。"《齐民要术·序》："（茨充）复令种纻麻。"

2. 又指苎麻织成的粗布。《礼记·丧大记》："绤（chī，细葛布）、绤（xì，粗葛布）、纻不入。"孔颖达疏："纻是纻布。"

纴 rèn

1. 织布帛的纱缕。《说文》："纴，机缕也。"《字汇》："纴，缯帛之属。"《左传·成公二年》："执针织纴，皆百人。"服虔注："织纴，治缯帛。"《礼记·内则》："织纴、组、纴（xún，镶边用的细带子），学女事，以共衣服。"

2. 绕线，穿引。泛指纺织或缝制衣服。《集韵》："纴，织也。"《墨子·非攻下》："妇人不暇纺绩织纴。"《北史·萧大圆传》："侍儿五三，可充纴织；家僮数四，足代耕耘。" 《本草纲目》："石斛数条，去根如筒子，一边纤入耳中……"医治飞虫入耳。《齐民要术·序》："崔寔（shí）为作纺绩、织纴之具以教，民得以免寒苦。"

鳏 guān

1. 无妻或丧妻的男人。《尚书·尧典》："有鳏在下，曰虞舜。"《孟子·梁惠王下》："老而无妻曰鳏，老而无夫曰寡，老而无子曰独，幼而无父曰孤，此四者，天下之穷民而无告者。"《汉书·黄霸传》："鳏寡孤独，有死无以葬者，乡部书言，霸具为区处。"王明清《挥尘录》："后尽弃旧业，鳏居孑然。"

2. 鱼名，即鲩鲲，又名鳡鱼。《孔丛子·抗志第十》："卫人钓于河，得鳏鱼焉，其大盈车。"陆游《晚登望云》："衰如蠹（dù）叶秋先觉，愁似鳏鱼夜不眠。"

畜 chù, xù

1. chù，禽兽类，多指家养的。《说文》："畜，田畜也。"《齐民要术·杂说》："秾饲牛畜，事须肥健。"

2. xù，畜养；饲养。《齐民要术·序》："令畜猪，投贵时卖，以买牛。"今有"畜牧"一词，指大量饲养畜禽类。

3. 通"蓄"。《说文》："畜，又积也。"

薤 xiè

薤（jiào）头，多年生草本，鳞茎可做蔬菜。《玉篇》："荤菜也，俗作薤。"《礼记·内则》："脂用葱，膏用薤。"《本草纲目》"薤"："韭类也，故字从韭……今人因其根白，呼为薤子，江南人讹为莜（yóu）子，其叶类葱而根如蒜。"《齐民要术·种薤第二十》："薤宜白软良地，三转乃佳。"

彘 zhì

本义指野猪，字下的"矢"表示箭射中了野猪。后泛指一般的猪。《说文》："彘，豕也。后蹏（蹄）废谓之彘。"《小尔雅》："彘，猪也。"《韩非子·外储说左上》："故明主表信，如曾子杀彘也。"《孟子·梁惠王上》："鸡豚狗彘。"

课 kè

1. 本义指计量劳动果实。《说文》："课，试也。"《齐民要术·种谷第三》："课得谷，皆多其旁田亩一斛以上。"引申检查、考核、核验。《管子·七发》："成器不课不用，不试不藏。"《韩非子·定法》："课群臣之能者也。"苏洵《上皇帝书》："有官而无课，是无官也；有课而无赏罚，是无课也。"

2. 督促完成指定的工作。《后汉书·任文公传》："课家人负物百斤，环舍趋走。"《齐民要术·序》："秋冬课收敛。"

3. 按规定的内容和分量讲授或学习。白居易《与元九书》："昼课赋，夜课书，间又课诗，不遑寝息矣。"

4. 征收赋税；差派劳役。《宋书·徐豁传》："年满十六，便课米六十斛。"《梦溪笔谈·权智》："声言庙中屡遭寇，课夫筑墙围之。"

芡 qiàn

1. 水生草本植物，有刺，全形如鸡头，俗名"鸡头"，种子称芡实，可食用。《说文》："芡，鸡头也。"《方言》卷三："青徐淮泗之间谓之芡，南楚江湘之间谓之鸡头，或谓之雁头，或谓之乌头。"《齐民要术·养鱼第六十一》与卷十《芡二六》中皆有记述。

2. 烹调时用芡粉（或别的淀粉）调的浓汁，即"勾芡"。

阡 qiān 陌 mò

二字均从"阜"（土堆、土埂），指田间小路。"阡"是指南北走向的田埂；"陌"是指东西走向的土埂。《史记·商君列传》："为田开阡陌封疆，而赋税平。"陶渊明《桃花源记》："阡陌交通，鸡犬相闻。"《齐民要术·造神曲并酒第六十四》："画地为阡陌，周成四巷。"

渎 dú

1. 水沟，小渠。泛指河川。古人将有独立源头并能入海的河流称为"渎"。《说文》："渎，沟也。一曰邑中沟。"《易经·读卦》："坎为水，为沟渎。"《史记·屈原贾生列传》："彼寻常之污渎兮，岂能容吞舟之鱼。"司马贞索隐："渎，小渠也。"引申为土沟。《齐民要术·养羊第五十七》："羊有病……当栏前作渎，深二尺，广四尺，往还皆跳过者无病；不能过者，入渎中行过，便别之。"

2. 轻慢，对人不恭敬。《左传·昭公二十六年》："国有外援，不可渎也。"

阏 è

1. 堵塞；遏止。《说文》："阏，遮拥也。"《吕氏春秋·古乐》："民气郁阏而滞著。"

2. 门扇；闸板。《汉书·召信臣传》："开通沟渎，起水门提阏，凡数十处。"颜师古注："所以壅水。"周寿昌《汉书注校补》："提即堤字。"提阏即堤坝。

孄 lǎn

同"懒"。《齐民要术·序》："王丹家累千金，好施与……其惰孄者，独不见劳，各自耻不能致丹…"

畿 jī

古代王都所领辖的千里地面。《说文》："畿，天子千里地。以远近言之则曰畿也。"后指京城管辖的地区。《国语·楚语上》："四封不备一同，而至于有畿田，以属诸侯。"韦昭注："方千里曰畿。"又指疆域。《诗经·商颂·玄鸟》："邦畿千里，维民所止。"

庾 yǔ

1. 露天的谷堆。《说文》："庾，一曰仓无屋者。"《释名》："庾，裕也，言盈裕也……所以露积之也。"《国语·周语》："野有庾积。"韦昭注："庾，露积谷也。"

2. 漕运的仓库。《说文》："庾，水漕仓也。"泛指粮仓。《战国策·魏策》："粟粮漕庾，不下十万。"杜牧《阿房宫赋》："钉头磷磷，多于在庾之粟粒。"

坻 chí，dǐ

1. chí，水中的小洲或高地。《说文》："坻，小渚也。"段玉裁注："坻，水

11

中可居之最小者也。"《诗经·秦风·蒹葭》:"宛在水中坻。"《诗经·小雅·甫田》:"曾孙之庾,如坻如京。"毛传:"京,高丘也。"郑玄笺:"坻,水中之高地也。"

2. dǐ,山坡。《广韵》:"坻,陇坂。"又指地名,天津市宝坻县。

堀 kū

1. 洞穴。《说文》:"堀,突也。"段玉裁注:"……因谓穴中可居曰突,亦曰堀。俗字作窟。"

2. 穿凿洞穴。《吕氏春秋·慎人》:"(舜)以其徒属堀地财,取水利……"

卤 lǔ

1. 盐碱地。《说文》:"卤,西方咸地也。"《释名》:"地不生物曰卤。"

2. 盐。段玉裁《说文解字注》:"盐,卤也。天生曰卤,人生曰盐。"《史记·货殖列传》:"山东食海盐,山西食盐卤。"

3. 以食盐和多种调味品对食料进行煮制加工。《齐民要术·作酱等法第七十》"作麦酱法":"小麦一石……盐三升,煮作卤。"

4. 粗率;鲁莽。《庄子·则阳》:"君为政焉,勿卤莽;治民焉,勿灭裂。"

薮 sǒu

1. 生长着很多草的湖。《说文》:"薮,大泽也。"《齐民要术·养鱼第六十一》:"欲令生大鱼法:要须载取薮泽陂湖饶大鱼之处……"卷十《蒩二二》引《广志》:"巨野,鲁薮也。"

2. 指人或东西聚集的地方。

3. "擞(sǒu)"的假借字。"斗薮",现在写作"抖擞"。《方言》卷六"秦晋言抖薮"郭璞注:"谓斗薮,举索物也。"《周易》"震卦":"震索索。""索"有震动的意思。"举索物"即用手把它举起来,抖动它,震落所需要的东西。《齐民要术·胡麻第十三》:"候口开,乘车诣田斗薮;倒竖,以小杖微打之。"

垮 qiāo

土地坚硬贫瘠。《广韵》:"垮,垮埆(què),瘠土。"《荀子·儒效》:"相高下，视垅肥，序五种，君子不如农人。"杨倞注："垅，薄田也。"《吕氏春秋·辩土》："树垅不欲专生而族居。"

杝 lí

1. 篱笆。《说文》："杝，落也。"《通俗文》："柴垣曰杝。"同"篱"，《集韵》："篱，藩也。或作杝。"《齐民要术·序》："杝落不完，墙垣不牢。"

2. 同"杝（yí）"，椴树。《集韵》："杝，木名。或作杝。"《礼记·檀弓上》："天子之棺四重……杝棺一，梓棺二。"孔颖达疏："杝即椴木。"

垣 yuán

矮墙。《说文》："垣，墙也。"《尚书·梓材》："若作室家，既勤垣墉。"陆德明释文引马融注："卑曰垣，高曰墉。"

笞 chī

用鞭、杖或竹板子打。《说文》："笞，击也。"常用作刑罚。《新唐书·刑法志》："笞之为言耻也，凡过之小者，捶挞以耻之。"

敕 chì

1. 告诫。《说文》："敕，诫也。"《齐民要术·序》："（李衡）临死敕儿曰：'吾州里有千头木奴……'"又《小豆第七》引《龙鱼河图》："岁暮夕，四更中……咒敕井，使其家竟年不遭伤寒，辟五方疫鬼。""敕"亦写作"勑"。又《种桑柘第四十五》："付勑屋吏，制断鼠虫。"

2. 自上命下之词；皇帝的诏令。顾炎武《金石文字记·西岳华山庙碑》："自上命下之辞，汉时人官长行之掾属，祖父行之子孙，皆曰敕……至南北朝以下，则此字惟朝廷专之。"

稼 jià

1. 禾穗。泛指庄稼或粮食。《说文》："禾之秀实为稼。"《诗经·豳风·七月》："九月筑城圃，十月纳禾稼。"《吕氏春秋·审己》："稼生于野而藏于仓。"

王维《宿郑州》："主人东皋上，时稼绕茅屋。"

2. 种植谷物。《说文》："稼，家事也。一曰：在野曰稼。"《周礼·地官》"司稼"，郑玄注："种谷曰稼，若嫁女之有所生然。"《仪礼·少牢礼》："宜稼于田。"

穑 sè

1. 本义是收获谷物。《说文》："穑，谷可收曰穑。"

2. 禾穗。《天工开物·稻灾》："凡苗吐穑后，暮夜鬼火游烧。"

3. 通"啬"，节俭；爱惜。《左传·僖公二十一年》："贬食省用，务穑劝分。"杜预注："穑，俭也。"《左传·昭公元年》："大国省穑而用之。"杜预注："穑，爱也。"

4. 互相钩连。《管子·度地》："树以荆棘，上相穑著者，所以为固也。"

稼、穑常连用，泛指从事农业生产。《尚书·洪范》："土爰稼穑。"王肃注："种之曰稼，敛之曰穑。"《孟子·滕文公上》："后稷教民稼穑，树艺五谷。"

胔 zì

带腐肉的尸骨；也指腐肉或整个尸体。《礼记·月令》："掩骼埋胔。"郑玄注："骨枯曰骼，肉腐曰胔。"

穰 ráng

1. 禾谷脱粒后的叶、茎、穗等碎屑物。《广韵》："穰，禾茎也。"《集韵》："穰，蹂禾黍之余。"

2. 谷物丰收。《广雅》："穰，丰也。"《正字通》："穰，禾实丰也。凡物丰盛者，亦曰穰。"《齐民要术·序》："年谷丰穰。"又《杂说第三十》引《盐铁论》："桃李实多者，来年为之穰。"

3. 同"瓤"，果类的肉。《齐民要术·作菹藏生菜法第八十八》引《食次》"梅瓜法"："用大冬瓜，去皮、穰。"

菽 shū

大豆；豆类。《齐民要术·收种第二》引《物理论》："菽者，众豆之总名。"

又《大豆第六》引《广雅》："大豆，菽也。"

肆 sì

1. 放肆，恣纵。《玉篇》："肆，放也，恣也。"《左传·庄公二十二年》："正月，肆大眚。"杜预注："赦有罪也。"
2. 集市贸易的场所，商店。《齐民要术·序》中引《仲长子》："鲍鱼之肆，不自以气为臭。"
3. 用于账目数字"四"的大写。

捃 jùn

拾；有选择地取。《玉篇》："捃，拾也。"《类篇》："捃，取也。"《齐民要术·序》："今采捃经传，爰及歌谣……"

醯 xī

醋。用于保存蔬菜、水果、鱼蛋等的净醋或加香料的醋。《说文》："醯，酸也。"《玉篇》："醯，酸味也。"《礼记·内则》："和用醯。"陆德明释文："醯，酢（cù）也。"《论语·公冶长》："孰谓微生高直，或乞醯焉。"

醢 hǎi

肉、鱼等制作的酱。《说文》："醢，肉酱也。"《广雅》："醢，酱也。"《诗经·大雅·行苇》："醓（tǎn）醢以荐。"孔颖达疏引李巡："以肉作酱曰醢。"《礼记·内则》："麋肤鱼醢。"《周礼·天官·醢人》："醢人掌四豆之实。"郑玄注："凡作醢者，必先膊干其肉，乃后莝（cuò）之，杂以粱曲及盐，渍以美酒，涂置瓶中，百日则成。"《魏书·高允传》："自酒米至于盐醢百有余品，皆尽时味。"司马光《训俭示康》："肴止于脯醢菜羹。"

醢醢泛指佐餐的调料。毛奇龄《王君慎斋诗集序》："凡国家大事、兵农礼乐，以及钱刀醢醢之细，无不经营贯串。"

蓏 luǒ

草本植物的果实。《说文》："蓏，在木曰果，在草曰蓏。"《汉书·食货志》：

"瓜瓠果蓏，殖于疆易（场）。"颜师古注："应劭曰：'木实曰果，草实曰蓏。'张晏曰：'有核曰果，无核曰蓏。'臣瓒曰：'木上曰果，地上曰蓏。'"《韩非子·外储说右下》："令发五苑之蓏、蔬、枣、粟，足以活民。"

莳 shì

移植。《方言》："莳，更也。"郭璞注："为更种也。"《说文》："莳，更别种。"段玉裁注："今江苏人移秧插田中曰莳秧。"《齐民要术·种穀楮第四十八》："移栽者，二月莳之。"

阙 què，quē

一、què，皇宫门前两边供瞭望的楼。《说文》："阙，门观也。"借指朝廷或京城。《庄子·让王》："身在江湖之中，心居乎魏阙之下。"

二、què，空缺。《集韵》："阙，空也。"《齐民要术·序》："故商贾之事，阙而不录。"

畴 chóu

1. 政府一次性授予农民的终生口粮田，农夫死后由政府收回。也指已经耕作的田地。《说文》："畴，耕治之田也。"

2. 特指种麻的田。《国语·周语下》："田畴荒芜。"韦昭注："麻地为畴。"《齐民要术·种麻第八》引："正月粪畴。畴，麻田也。"

3. 田界，不同作物的分区。

秣 mò

1. 牲畜的饲料。《正字通》："秣，食马秸也。"《周礼·天官·大宰》："七曰刍秣之式。"贾公彦疏："谓牛马禾谷也。"

2. 喂养牲畜。《诗经·周南·汗广》："言秣其马。"毛传："秣，养也。"《齐民要术·杂说》："秣饲牛畜，事须肥健。"

恤 xù

1. 忧虑；怜悯。《说文》："恤，忧也。"

2. 周济；救济。《玉篇》："恤，救也。"《齐民要术·杂说》："抚恤其人。"

穧 yì

谷糠、断茎残叶之类。《齐民要术·杂说》："凡人家秋收治田后，场上所有穰、谷穧等，并须收贮一处。"

"穧"也写作"蕴"。《齐民要术·作豉法第七十二》："先多收谷蕴，于此时内谷蕴于荫屋窖中。"

稸 jì

稠密。《说文》："稸，稠也。"《史记·齐悼惠王世家》："深耕稸种，立苗欲疏。"《齐民要术·种麻第八》："稸则细而不长，稀则粗而皮恶。"又《种李第三十五》："大概连阴，则子细而味亦不佳。"

刈 yì

1. 收割；杀灭。《玉篇》："刈，获也，取也。"《广雅》："刈，杀也。"
2. 镰刀。《国语·齐语》："挟其枪、刈、耨、镈（bó，除草的农具），以旦暮从事于田野。"韦昭注："刈，镰也。"

耨 nòu

1. 古代锄草的农具，短柄，似锄，两刃部有细锯齿，便于切割草根。人只能俯身或蹲着单手使用此农具。《吕氏春秋·任地》："耨柄尺，此其度也，其耨六寸，所以间稼也。"高诱注："耨，所以耘苗也。刃广六寸，所以入苗间也。"《篆文》："耨如铲……以刺地除草。"
2. 除草。《集韵》："耨，田治草也。"《周礼·天官·甸师》："掌帅其属而耕耨王藉，以时入之。"《吕氏春秋·上农》："人耨必以旱，使地肥而土缓。"

斪 qú

锄类的农具。《玉篇》："斪，锄属。"《齐民要术·耕田第一》中引《尔雅》："斪斸谓之定。"犍为舍人曰："斪斸，锄也，名定。"

斸 zhú

1. 锄类的农具，柄较长。《说文》："斸，斫斸也。"《广韵》："斸，钁也。"《国语·齐语》："恶金以铸锄、夷、斤、斸，试诸壤土。"

2. 掘；挖。《齐民要术·耕田第一》引《释名》："斸，诛也，主以诛锄物根株也。"又《种蒜第十九》："种泽蒜法……间区斸取，随手还合。"又《种槐柳楸梓梧柞第五十》："明年斸地令熟，还于槐下种麻。"

划 chǎn

灭除。《广雅》："划，削也。"又同"铲"，铲子或铲除。《齐民要术·耕田第一》："铲柄长二尺，刃广二寸，以划地除草。"又《种谷第三》引《氾胜之书》："区间草以划划之，若以锄锄。"

镃 zī

古代的锄头。"镃基"亦写作"镃錤、兹其、兹基"。《广雅》："镃錤，钼（锄）也。"《汉书·樊哙传赞》："虽有兹基，不如逢时。"《齐民要术·种谷第三》引农谚："虽有智惠（同'慧'），不如乘势；虽有镃錤，不如待时。"赵岐注："镃錤，田器，耒耜之属。"

芟 shān

1. 铲除杂草。《说文》："芟，刈草也。"《诗经·周颂·载芟》："载芟载柞。"毛传："除草曰芟，除木曰柞（zé）。"引申为消除。《文心雕龙·镕裁》："芟繁剪秽，弛于负担。"《齐民要术·耕田第一》："凡开荒山泽田，皆七月芟艾之。"此"芟艾"连用，指割除荒地的杂草等。

2. 大镰刀。《国语·齐语》："权节其用，耒、耜、枷（jiā，连枷）、芟。"韦昭注："芟，大镰，所以芟草也。"

艾 ài

1. 艾蒿，多年生草本植物，有香气，叶背面有白毛，老叶制成艾绒，供针灸用。《齐民要术·杂说第三十》："三月。三日及上除，采艾及柳絮。"

2. 苍白色。引申为老年；老人。《礼记·曲礼上》："五十曰艾，服官政。"郑玄注："艾，老也。"又指对老年人的敬称。今有"耆艾"一词。

3. 停止。今有成语"方兴未艾"。

4. 通"乂"。治理；安定。《汉书·公孙弘等传赞》："海内艾安，府库充实。"

5. 通"刈"。收割；斩除。《谷梁传·庄公二十八年》："一年不艾而百姓饥。"

劙 yīng

修剪枝条。《广韵》："劙，芟除林木也。"不是把树砍掉，而是用环剥法（在树干迫根处剥去一圈皮层，包括形成层在内）使树枯死。王祯《农书·垦耕篇》"劙杀"注："谓剥断树皮，其树立死。"《齐民要术·耕田第一》："其林木大者劙杀之，叶死不扇，便任耕种。"又《插梨第三十七》："以刀微劙梨枝，斜抴之际，剥去黑皮。""微劙"不是让树枝枯死，是不伤害形成层，以使嫁接成功。（"劙"音"乌更反"。）

镉 lòu 楱 còu

耙地的一种农具。《齐民要术·耕田第一》："耕荒毕，以铁齿镉楱再遍杷之。""铁齿镉楱"，此指牲畜拉的铁齿耙。亦指耙地。又《种苜蓿第二十九》："地液辄耕垄，以铁齿镉楱镉楱之。"（"楱"自注音"俎候反"或"俎遘（gòu）反"。）

杷 pá，bà

一、读 pá

1. 农具名，一端有柄，一端有齿，用以聚拢禾谷或整地等。《说文》："杷，收麦器。"王褒《僮约》："屈竹作杷。"

2. 通"爬"。《齐民要术·养鸡第五十九》："养鸡令速肥，不杷屋，不暴园……"

二、读 bà

1. 碎土平地的农具，多用竹、木或铁等制成。又指用杷碎土平地。

2. 器物的柄。今写作"把"。《齐民要术·养羊第五十七》："正底施长柄，如酒杷形。"

现代汉语中，"杷"字仅保留于植物名"枇杷"（pí pɑ）一词，与农事农具有关的今则写作"耙"。

穄 jì

穄子，即不黏的黍类，又名"糜（méi）子"，去壳称为穄米。玄应《一切经音义》引《说文》："穄，糜也。似黍而不黏者，关西谓之糜。"

劳 láo，lào

一、读 Dláo
1. 劳苦；劳作。《说文》："劳，剧也。"《尔雅》："劳，动也。"
2. 疲劳；使用过分。《管子·小匡》："牺牲不劳，则牛马育。"尹知章注："过用谓之劳。"
3. 忧愁；操心。《诗经·邶风·燕燕》："瞻望弗及，实劳我心。"
二、读 lào
1. 通"耢"，农具名。一种用荆条或藤条编成的无齿耙，通常为长方形，人们在耙地后用耢进一步平整土地。也指用耢平土保墒。王祯《农书》卷十二："劳，无齿耙也。但耙桯（tīng）之间用条木编之以摩田也。"《齐民要术·耕田第一》："劳亦再遍。"（"劳"自注音"郎到反"。）
2. 摩平。《齐民要术·笨曲并酒第六十六》："黍熟，以净席薄摊令冷，块大者擘破，然后下之。没水而已，勿更挠劳。"

摩 mó，mò

1. 读 mó 摩擦；抚摸。《广韵》："摩，按摩。"《齐民要术·种瓠第十五》："度可作瓢，以手摩其实，从蒂至底，去其毛。"
2. 读 mò 平整土地。今写作"耱"，也叫作耢。《齐民要术·耕田第一》："今人亦名劳曰'摩'，鄙语曰：'耕田摩劳'也。"

垎 hè

土壤干燥坚硬。《说文》："垎，水干也。一曰坚也。"段玉裁注："按干与坚，义相成，水干则土必坚。"《玉篇》："垎，土干也。"《齐民要术·耕田第一》："湿耕坚垎，数年不佳。"又《旱稻第十二》："凡下田停水处，燥则坚垎，湿则污泥。"（"垎"自注音"胡格反"。）

耰 yōu

1. 古代的一种农具，形如榔头，用以弄碎土块平整土地。本作"櫌"。《说文》："櫌，摩田器。"《集韵》："櫌，或从耒。"
2. 播种后用耰翻土盖土。《玉篇》："耰，覆种也。"《孟子·告子上》："播种而耰之。"泛指耕种。《论语·微子》："耰而不辍。"

塪 zhí

地洼而湿。《说文》："塪，下入也。"又指雨水较多而使田土坚实。《齐民要术·耕田第一》："秋田塪实，湿劳令地硬。"（"塪"自注音"长劫反"。）

廉 lián

1. 狭窄。《说文》："廉，仄也。"《齐民要术·耕田第一》："犁欲廉，劳欲再。犁廉耕细，牛复不疲。""犁欲廉"，指犁起的土条不要太宽，使地耕得细而匀透。
2. 正直，廉洁。《玉篇》："廉，清也。"《墨子·修身》："贫者见廉，富者见义。"
3. 少，节省。《广韵》："廉，俭也。"

掩 yǎn

以土盖种或埋草作绿肥。《齐民要术·耕田第一》："秋耕掩青者为上……七月八月犁掩杀之。"又《大小麦第十》："种大小麦，先畤，逐犁掩种者，佳。"王祯《农书》卷二："凡垦辟荒地，春曰燎荒，夏曰掩青，秋曰芟夷。"（"掩"自注音"一感反"。）

菅 jiān

一种多年生草本植物，叶子细长，根系发达，生长力强，蔓延甚广。《说文》："菅，茅也。"《诗经·陈风》："东门之池，可以沤菅。"孔颖达疏："菅似茅而滑泽无毛，根下五寸中有白粉者柔韧宜为索，沤乃尤善也。"朱骏声通训定声："已沤之茅曰菅，故未沤之茅曰野菅。"《本草纲目》："菅茅只生山上，似白茅而长，入秋抽茎开花成穗如荻，花结实尖黑，长分许，黏衣刺人，其根短硬，如细竹根，无节而微甘，亦可入药。"菅、茅皆为田间难以除净的杂草。《齐民要术·耕田第一》："菅茅之地，宜纵牛羊践之。"

穄 mèi

1. 一种有黏性的稻子。《广韵》："穄，稻禾黏也。"

2. 撒种。《集韵》："穄，撒种也。"《齐民要术·耕田第一》："皆五六月穄种。"（"穄"自注音"羹懿反"，旧读 jì。）

3. "概"字异写，即稠密。《齐民要术·作豉法第七十二》："令稀穄均调。"

秫 shú

本义指有黏性的谷物，有的地区指高粱，可酿烈酒。《说文》："秫，稷之黏者。"《急就篇》："稻黍秫稷粟麻秔。"《周礼·考工记·钟氏》："染羽以朱湛丹秫。盖有赤白二种。今北地谓高粱之黏者为秫，秫亦胡秫。"《本草纲目·谷部》："秫，俗呼糯粟。北人呼为黄糯，亦曰黄米。"陶渊明《和郭主簿》："春秫作美酒，酒熟吾自斟。"

茇 bá，pèi

一、读 bá

1. 草木根。《说文》："茇，草根也。"《方言》卷三："茇，根也。东齐或曰茇。"《淮南子·墬（dì）形训》："凡浮生不根茇者，生于萍藻。"《齐民要术·耕田第一》："凡秋收之后，牛力弱，未及即秋耕者，谷、黍、穄、粱、秫茇之下，即移赢速锋之。"又《种瓜第十四》："皆起禾茇，令坚直……瓜引蔓，皆沿茇上。茇多则瓜多，茇少则瓜少。"（"茇"自注音"方末反"，旧读 fú。）

2. 草舍；止宿于草舍中。《诗经·召南·甘棠》："蔽芾甘棠，勿剪勿伐，召伯所茇。"

3. 拔除。《齐民要术·种谷第三》："区中草生，茇之。"

二、读 pèi

白色的凌霄花。《齐民要术》卷十《茗六八》引《尔雅》："茗，陵茗……白华，荗。"

羸 léi

1. 瘦，弱。《说文》："羸，瘦也。"《玉篇》："羸，弱也。"《左传·桓公六年》："请羸师以张之。"杜预注："羸，弱也。羸师者，藏其精锐不使见，而以疲弱士卒代之，示之以弱。"《齐民要术·养牛马驴骡第五十六》引农谚："羸牛劣马寒食下。"

2. 身体疲惫。《礼记·问丧》："身病体羸，以杖扶病也。"郑玄注："羸，疲也。"

3. 破旧，缺损。《广雅》："羸，恶也。"《正字通》："羸，缺折也。"

锋 fēng

一种有尖锐犁镵而无犁壁的农具。王祯《农书》卷十三："锋，古农器也，其金比犁镵（chán）小而加锐，其柄如耒，首如刃锋，故名锋，取其铦（xiān）利也。"引申为用锋犁地，土不推向一边或两旁，浅耕保墒。《齐民要术·种谷第三》："苗高一尺锋之。"又《黍穄第四》："锄三遍乃止，锋而不耩。"

穞 tì

稀疏点播。《集韵》："离而种之曰穞。（贾思勰说。）"《齐民要术·大豆第六》："秋锋之地，即穞种。"又《小豆第七》："牛力若少，得待春耕，亦得穞种。"（"穞"自注音"汤历反"，又"土历反"）。

畯 jùn

1. 古代掌管农事的官。《说文》："畯，农夫也。"《诗经·豳风·七月》："馌（yè，送食物）彼南亩，田畯至喜。"毛传："田畯，田大夫也。"

2. 通"俊"，才智出众。

阪 bǎn

斜坡。《说文》："坡者曰阪。一曰泽障。一曰山胁也。"《诗经·小雅·正月》："瞻彼阪田。"郑玄笺："阪田，崎岖硗埆之处。"高亨注："阪田，山坡上的田。"《齐民要术·种谷第三》："诸山、陵、近邑高危倾阪及丘城上，皆可为区田。"

隰 xí

1. 低湿之地。《说文》："隰，阪下湿也。"《尔雅·释地》："下湿曰隰。"《诗经·卫风·氓》："淇则有岸，隰则有泮。"《公羊传·昭公元年》："上平曰原，下平曰隰。"

2. 新开垦的田地。《诗经·周颂·载芟》："千耦其耘，徂隰徂畛（zhěn，田间小路)。"

饬 chì

1. 整顿；治理。《说文》："饬，至坚也。"《玉篇》："饬，正也。"《广韵》："饬，牢密。"《礼记·月令》："田事既饬，先定准直，农乃不惑。"

2. 谨慎；恭敬。《玉篇》："饬，谨貌。"

墐 jìn，qín

1. jìn，用泥涂塞。《说文》："墐，涂也。"《诗经·豳风·七月》："塞向墐户。"《礼记·月令》："季秋之月……蛰虫咸俯在内，皆墐其户。"郑玄注："墐，谓涂闭之，此避杀气也。"

2. qín，黏土。本作"堇"，《集韵》："堇，黏土也。或从土。"《新五代史·刘守光传》："或丸墐土而食，死者十六七。"《齐民要术·养鱼第六十一》："取墐土作熟泥。"

耦 ǒu

1. 古代农具。《说文》："耒广五寸为伐，二伐为耦。"

2. 两人并耕。《周礼·考工记·匠人》："二耜为耦。"贾公彦疏："云二耜为耦者，二人各执一耜……两人耕曰耦。"

3. 同"偶"，配偶。《左传·桓公六年》："人各有耦。"杜预注："耦同偶，匹也，配也。"《聊斋志异·阿纤》："听君自择良耦。"

帀 zā

周，环绕。《齐民要术·耕田第一》："言日月星辰运行至此月，皆帀于故基。"又《插梨第三十七》："缠十许帀。"

椓 zhuó

1. 击；敲打。《说文》："椓，击也。"《诗经·小雅·斯干》："椓之橐橐。"孔颖达疏："既投土于板，以杵椓筑之，皆橐橐然。"即指向土里打桩。《齐民要术·耕田第一》引《氾胜之书》："春候地气始通，椓橛木长尺二寸，埋尺，见其二寸。"《天工开物·攻稻》："不烦椓木雍坡之力也。"

2. 宫刑，古代酷刑之一。《尚书·吕刑》"椓"孔颖达疏："椓阴即宫刑也。"

蔺 lìn

1. 灯心草。多年生草本植物，茎细圆而长，中有白髓，可作油灯的灯心。茎叶坚韧，可编织或造纸。《玉篇》："蔺，似莞而细，可为席。"

2. 碾压。《齐民要术·耕田第一》："冬雨雪止，辄以蔺之。"此义今写作"躏"。

腊 xī，là

一、读 xī

1. 干肉。本作"昔"，《说文》："昔，干肉也。从残肉，日以晞之，与俎（zǔ）同意。"段玉裁注："昔肉必经一夕，故古借昔为夕。"后又加"肉"写作"腊"。《释名》："腊，干昔也。"《易经·噬嗑》："噬腊肉，遇毒。"孔颖达疏："腊是坚刚之肉也。"《周礼·天官·腊人》："腊人掌干肉……共其脯腊，凡干肉之事。"郑玄注："腊，小物全干者。"又指做成干肉。

2. 地耕后晒干。《齐民要术·耕田第一》："秋无雨而耕，绝土气，土坚垎，名曰'腊田'。"

二、读 là

1. 岁终祭祀名"臘"，今简化写作"腊"。古人在冬至后三戌日合祭众神即腊（亦写作'蜡'）祭，因此俗称农历十二月为腊月。

2. 冬天（多在腊月）腌制后风干或熏干的鱼、肉等。

脯 fǔ，pú

一、读 fǔ

1. 干肉；肉干。《说文》："脯，干肉也。"《周礼·天官·腊人》："腊人掌干肉……共其脯腊，凡干肉之事。"郑玄注："脯，大物薄析者。"

2. 果脯；水果蜜饯后晾干的食品。《齐民要术·种枣第三十三》"枣脯法"："切枣曝之，干如脯也。"

3. 地耕后晒干。《齐民要术·耕田第一》："及盛冬耕，泄阴气，土枯燥，名曰'脯田'。"

二、读 pú

胸脯。

菑 zī

1. 初耕的田地。《尔雅》："田一岁曰菑。"郭璞注："今江东呼初耕地反草为菑。"引申为耕田杀草开荒。《尚书·大诰》："厥父菑，厥子乃弗肯播，矧肯获。"《齐民要术·耕田第一》："三月，杏华盛，可菑沙白轻土之田。五月、六月，可菑麦田。"

2. 插入。《周礼·考工记·轮人》："察其菑蚤不齲（óu，不齐正），则轮虽敝不匡。"郑玄注："菑，谓辐入毂中者也。"

3. 枯死未倒的树。《荀子·非相》："周公之状，身如断菑。"

4. "灾"的异体字。《管子·内业》："不逢天菑，不遇人害。"

5. 地名。临淄也写作"临菑"。《齐民要术·插梨第三十七》："齐国临菑……出梨。"

袠 yì

1. 书套；缠裹。《说文》："袠，书囊也。"

2. 香气熏染，侵袭。《集韵》："裛，香袭衣也。"

3. 通"浥"，沾湿。《说文》："浥，湿也。"《齐民要术》中"浥"、"裛"常和"郁"字连用，称"浥郁""裛郁"或"郁浥""郁裛"，意思相同，多指密闭后以蒸汽的湿热将物质变软、变热或变质。（"裛"自注音"于劫反"。）

粜 tiào

卖出粮食。《说文》："粜，出谷也。"《玉篇》："粜，出谷米也。"

疵 cī

1. 病，忧虑。《尔雅》："疵，病也。"

2. 黑斑；缺陷。《广雅》："疵，黑病。"《淮南子·氾论训》："故目中有疵，不害于视，不可灼也。"《韩非子·大体》："不吹毛而求小疵。"《齐民要术·收种第二》："粜卖以杂糅见疵。"

爨 cuàn

1. 烧火做饭。《广雅》："爨，炊也。"

2. 炉灶；厨房。《玉篇》："爨，灶也。"《齐民要术》卷十《竹五一》引《孝经河图》："少室之山，有爨器竹……"

劁 qiāo

1. 割。《广雅》："劁，断也。"《玉篇》："劁，刈获也。"《齐民要术·收种第二》："选好穗纯色者，劁刈高悬之。"这里指割穗。又《种瓜第十四》："先种晚禾，熟，劁刈取穗。"（"劁"自注音"才彫反"。）

2. 阉割，割掉牲畜的生殖腺。

秕 bǐ

谷物空或不饱满。《说文》："秕，不成粟也。"《玉篇》："秕，谷不成也。"《齐民要术·收种第二》："其别种种子，常须加锄。锄多则无秕也。"

蘘 ráng

1. 蘘荷，又称阳藿，多年生草本，花白色或淡黄色，结蒴果，叶子互生，根状茎似姜，可入药。《说文》："蘘，蘘荷也。"段玉裁注："……根旁生笋，可以为菹（zū），又治蛊（gǔ）毒……"《齐民要术·种蘘荷芹蔗第二十八》中多有记述。

2. 同"穰"，黍类的稿秆。《齐民要术·收种第二》："窖埋，又胜器盛。还以所治蘘草蔽窖。""蘘草"应泛指谷物稿秆包括断茎残叶等在内的总名，用原稿秆蔽盖原谷物种子。又《种椒第四十三》："若移大栽者……先作熟蘘泥，掘出即封根，合泥埋之。"

蚚 zǐ 蚄 fāng

古书上说的一种吃庄稼叶的害虫。《集韵》："蚚蚄，虫名，害稼。"《类篇》："蚚蚄，虫名，食苗者。"《齐民要术·收种第二》："牵马令就谷堆食数口，以马践过为种，无蚚蚄，厌蚚蚄虫也。"

厌 yā，yàn

一、读 yā

1. 压，倾覆。《说文》："厌，笮（zé）也。"《齐民要术·养鹅鸭第六十》："触忌者，雏多厌杀，不能自出。"

2. 以诅咒镇住或制伏，又称"厌胜"。

二、读 yàn

1. 厌恶，嫌弃。《齐民要术·种谷第三》："锄不厌数（shuò，多次）。"

2. 同"餍"，饱，满足。《集韵》："厌，足也。"《史记·货殖列传》："原宪不厌糟糠，匿于穷巷。"司马贞索隐："厌，餍，饱也。"《齐民要术·种谷第三》："予终年厌飧（sūn）。"

骍 xīng

1. 赤色的马或牲畜。《广韵》："骍，马赤色也。"《诗经·鲁颂·驷（jiōng）》："有骍有骐。"毛传："赤黄曰骍。"《集韵》："骍，牲赤色。"《礼记

·郊特牲》："牲用骍，尚赤也。"亦泛指赤色。

2. 同音"埁"的借用字。《说文》："埁，赤刚土也。""埁"亦作"培"。《玉篇》："培，赤坚土也。"又借用为"骍"。《周礼·地官·草人》："凡粪种……骍刚用牛。"郑玄注："骍谓地色赤而土刚强也。"指一种红色黏质土。

缇 tí

1. 橘红色或红色的丝织品。《说文》："缇，帛丹黄色。"
2. 橘红色。《广雅》："缇，赤也。"《周礼·地官·草人》："赤缇用羊。"郑玄注："赤缇，缜色也。""赤缇"指赤黄色或浅红色的土。

缜 quán

赤黄色或红色的帛。《说文》："缜，帛赤黄色。一染谓之缜。"《尔雅》："一染谓之缜。"郭璞注："今之红也。"《礼记·檀弓上》："练衣黄里，缜缘。"陆德明释文："缜，浅赤色，今之红也。"又指浅红色。

坟 fén，fèn

一、读 fén
1. 坟墓。《说文》："坟，墓也。"
2. 高地。《尔雅》："坟，大防。"《方言》卷一："坟，地大也。青幽之间，凡土而高大者谓之坟。"
二、读 fèn
1. 肥土。《广韵》："坟，土膏肥也。"《尚书·禹贡》："厥土黑坟。"孔安国传："黑色而坟起。"陆德明释文引马融说："坟，有膏肥也。"
2. 隆起。《集韵》："坟，土起。"《左传·僖公四年》："公至，毒而献之。公祭之地，地坟。"
3. 通"坌（bèn）"，粉末。《说文》："坌，尘也。"《周礼·地官·草人》："凡粪种……坟壤用麋。"郑玄注："'坟'作'蚡（fén）'。坟壤，多蚡（fén）鼠也。坟壤，润解。""坟壤"可能是黏质土壤，较湿润才易散为粉末。

麋 mí

麋鹿，雄的有角，角像鹿、尾像驴、蹄像牛、颈像骆驼，也叫四不像，属珍稀兽类。《说文》："麋，鹿属，冬至解其角。"

坌 fén，fèn

1. fén，亦作"蚠"。《正字通》："坌亦作蚠。"或作"蚡"。《说文》："蚡，或从虫分。"《周礼·地官》"坟壤"郑玄注："坟壤，多坌鼠也。""坌鼠"即蚡鼠。

2. fèn，通"坟"。《周礼·地官·草人》："凡粪种……坟壤用麋。"郑玄注："坟作坌。"

潟 xì

盐碱地。《广韵》："潟，咸土。"《周礼·地官·草人》："凡粪种……咸潟用貆（huán）。"郑玄注："潟，卤也。"《汉书·地理志上》："海濒广潟。"颜师古注："潟，卤咸之地。"

斥 chì

1. 指出，点明。《齐民要术·序》："故丁宁周至，言提其耳，每事指斥，不尚浮辞。"

2. 驱逐；罢免。《广韵》："斥，逐也，远也。"

3. 盐碱地。《说文》："卤，西方咸地也……东方谓之斥，西方谓之卤。"《齐民要术·序》："是以太公封而斥卤播嘉谷。"

貆 huán

1. 幼貉。《说文》："貆，貉之类。"郑玄注："貆，貒（tuān）也。"貒即猪獾。《诗经·魏风·伐檀》："不狩不猎，胡瞻尔庭有县（xuán，悬）貆兮。"郑玄笺："貉子曰貆。"

2. 豪猪。《山海经·北山经》："（谯明之山）有兽焉，其状如貆而赤豪。"郭璞注："貆，豪猪也。"

3. 同"貛（huān）"。《周礼·地官·草人》："凡粪种……咸潟用貆。"

貒 tuān

猪獾；野猪。《方言》卷八："獾，关西谓之貒。"《正字通》："貒，猪獾，一名獾豚，状似小猪……"

勃 bó

1. 推动。《说文》："勃，排也。"《广雅》："勃，展也。"
2. 粉末。《周礼·地官·草人》："凡粪种……勃壤用狐。"郑玄注："勃壤，粉解者。"指易散为粉末的土。又指粉状物。《齐民要术·种麻第八》："获麻之法，穗勃勃如灰，拔之。"
3. 引申指泡沫。亦写作"浡（bó）"或"渤"。《齐民要术·白醪法第六十五》："煎取六升，着瓮中，以竹扫冲之，如茗渤。"又《饼法第八十二》："簸去勃，甑（zèng）里蒸之。气馏，勃尽……合勃下饮讫，出勃。"

埴 zhí

细腻的黄黏土。《说文》："埴，黏土也。"《释名》："土黄而细密曰埴。"《庄子·马蹄》："我善治埴。"《尚书·禹贡》："厥土赤埴坟，草木渐包。"

垆 lú

1. 黑色坚实而质粗不黏的土壤。《说文》："垆，（黑）刚土也。"《释名》："土黑曰垆。"《广韵》："垆，土黑而疏。"《汉书·地理志上》："下土坟垆。"颜师古注："垆，谓土之黑刚也。"《吕氏春秋·辩土》："垆埴冥色，刚土柔种。"《周礼·地官·草人》："凡粪种……埴垆用豕。"郑玄注："埴垆，黏疏者。"指一种石灰性黏土，并夹杂着很多石灰结核，干时容易解散。《齐民要术·耕田第一》："春地气通，可耕坚硬强地黑垆土。"
2. 通"炉"。古时酒店中安放酒瓮的土台子；借指酒店。韦庄《菩萨蛮》："垆边人似月，皓腕凝霜雪。"

垷 xiàn

很坚硬的土壤。繁体写作"槂"，同"壏（xiàn）"。《集韵》："壏，坚土也。或作㙬。"《唐韵》："㙬，土地之坚者。"《周礼·地官·草人》："凡粪种……彊㙬用蕡。"郑玄注："彊㙬，强坚者。"可能指比"骍"和"垆"更坚硬的土壤。"㙬"古音又读 hǎn。

蕡 fén, fèi

一、读 fén

1. 杂草的香气。《说文》："蕡，杂草香。"原"蕡香"一词今转为"喷（pèn）香"。

2. （果实）多而大。《玉篇》："蕡，草木多实。"《诗经·周南·桃夭》："桃之夭夭，有蕡其实。"毛传："蕡，实貌。"

二、读 fèi

大麻或大麻的子实。《礼记·内则》："菽麦蕡稻黍粱秫。"陆德明释文："蕡，字又作黂（fén），大麻子。"《齐民要术·种麻第八》引《尔雅》："黂，枲实。"孙炎注："黂，麻子。"麻子在古时可食用。《周礼·地官·草人》："凡粪种……彊㙬用蕡。"郑玄注："蕡，麻也。"

熛 biāo

1. 烧火做饭。冯梦龙《东周列国志》第三十八回："与民同居于此，共熛同耕，以奉养后母。"

2. 脆。《集韵》："熛，轻脆也。"《周礼·地官·草人》："凡粪种……轻熛用犬。"郑玄注："轻熛，轻脆者。""轻熛"，大概指一种容易飞扬的沙土。

擢 zhuó

1. 拔出；引拉。《说文》："引也。"《方言》："擢，拔也。"

2. 提拔；晋升。《正字通》："擢，今俗凡迁官曰擢。擢犹升也，进也。"《战国策·燕策二》："先生过举，擢之乎宾客之中，而立之乎群臣之上。"

3. 通"戳"，捅。《齐民要术·种谷第三》中有谷名"擢石精"。

蹯 fán

1. 野兽的足掌。《说文》："兽足谓之番。田象其掌。"《玉篇》："番，兽足也。番或作蹯。"后人俗作"蹯",泛指脚掌。《广雅》:"蹯,足也。"《齐民要术·种谷第三》中有谷名"卢狗蹯"。又《种瓜第十四》中有瓜名"虎蹯"。

2. 野兽的足迹。《集韵》:"蹯,兽迹。"

粢 zī

1. 谷子。《玉篇》:"粢,稷米也。"《尔雅》:"粢,稷。"郭璞注:"今江东呼稷为粢。"也指供祭祀的谷子。

2. 谷类的统称。《左传·桓公二年》:"粢食不凿,昭其俭也。"孔颖达疏:"粢,亦谓谷总名。"

3. 同"餈(cí)"。《说文》:"餈,稻饼也。餈或从米。""餈"今写作"糍",一种以蒸熟的米饭捣碎做成的饼状食品,俗称为糍糕、糍饭、糍粑、糍团等。《周礼·天官·笾人》:"羞笾之实,糗饵、粉粢。"《列子·力命》:"食则粢粝。"张湛注:"粢,稻饼也……粗舂粟麦为粢饼食之。"

獬 xiè

獬豸,传说有一只角的异兽。《集韵》:"獬,獬豸,兽名。"《齐民要术·种谷第三》中有谷名"刘猪獬";又《种桑柘第四十五》中蚕名"老獬儿蚕"。

愍 mǐn

悲伤;哀怜。《说文》:"愍,痛也。"《广韵》:"愍,怜也。"《齐民要术·种谷第三》中有谷名"道愍黄"。

聒 guō

声音高或嘈杂。《说文》:"聒,欢语也。"《左传·襄公二十六年》:"左师闻之,聒而与之语。"孔颖达疏:"声乱耳谓之聒。"《齐民要术·种谷第三》中有谷名"聒谷黄"。

藆 jiā

谷名。《齐民要术·种谷第三》中有谷名"藆支谷"。

鹌 ān

同"鹌",即鹌鹑。头小尾短的鸟,羽毛赤褐色,杂有暗黄色条纹,吃谷类和杂草种子。《齐民要术·种谷第三》中有谷名"鹌履苍",指穗子歧异如鹌爪形。("鹌"自注音"乌含反"。)

罢 bà

1. 放逐罪人。《说文》:"罢,遣有罪也。"引申为停止、免除等义项。
2. 通"疲"。《广雅》:"罢,劳也。"《广韵》:"罢,倦也。"
3. 借作"罴(pí)"。《说文》:"罴,如熊,黄白文。"《齐民要术·种谷第三》中有谷名"罢虎黄",指茎叶有黄白色花纹的谷子。

曳 yè

1. 拖,牵引。《说文》:"曳,臾曳也。"段玉裁注:"犹牵引也。引之则长,故衣长曰曳地。"《玉篇》:"曳,申也,牵也,引也。"
2. 飘摇。
3. 同"跇(yì)",越过;超越。《说文》:"跇,越也。"《齐民要术·种谷第三》中有谷名"马曳缰"。"曳",旧读为 yì。

骍 lèi,luò

1. lèi,马毛斑白。《集韵》:"骍,马毛斑白。"
2. luò,骍岁,谷名。《齐民要术·种谷第三》中有谷名"石骍岁"。("骍"自注音"良卧反"。"岁"自注音"苏卧反",古音读 suǒ。)

晛 xiàn

1. 日气;日光。《说文》:"晛,日见也。"《广韵》:"晛,日光也。"《诗经·小雅·角弓》:"雨雪浮浮,见晛曰流。"
2. 明亮。《玉篇》:"晛,明也。"《齐民要术·种谷第三》中有谷名"一晛黄"。("晛"自注音"奴见反"。)

醝 cuó

咸味。《说文》："醝，咸也。"又指盐。《礼记·曲礼下》："盐曰咸醝。"《齐民要术·种谷第三》中有谷名"山醝""醝折筐"。（"醝"自注音"粗左反"。）

稅 dǎng

谷名。《集韵》："稅，顿稅黄，谷名。"《齐民要术·种谷第三》中有谷名"顿稅黄"。

薰 xūn

1. 香草，即"蕙草"，又名零陵香。《说文》："薰，香草也。"《山海经·西山经》："浮山有草焉，名曰薰。麻叶而方茎，赤华而黑实……"也指香气。《齐民要术·造神曲并酒第六十四》："芳越薰椒，味超和鼎。"

2. 同"熏"，以烟或气熏染。《淮南子·说林训》："腐鼠在坛，烧薰于宫。"《齐民要术·种谷第三》中有谷名"薰猪赤"。

碨 wěi，wèi

1. wěi，碨磊，石头不平。《集韵》："碨，石不平。"《齐民要术·种谷第三》中有谷名"磊碨黄"。

2. wèi，石磨。

獭 tǎ

水獭、旱獭、海獭等哺乳动物的统称。通常指水獭。《说文》："獭，如小狗也，水居食鱼。"《正字通》："獭，形如小狗……一名水狗。"《齐民要术·种谷第三》中有谷名"獭尾青"。

橝 diàn

橝穄，谷名。《齐民要术·种谷第三》中有谷名"黄橝穄"。

穄 cǎn，shān

1. cǎn，穄子，一年生草本，茎高而多分枝，有龙爪粟、鸡爪粟、鸭儿稗等俗称。又指穄子的子实，可酿酒、磨粉食用。《正字通》："穄，穄子生水田下湿地……捣米为面，味涩……"《本草纲目》中记"穄子"："穄乃不粘之称也，亦不实之貌也，龙爪、鸭爪，象其穗歧之形。"

2. shān，禾穗不结子实。《集韵》："穄，穄穄，禾穗不实。"《齐民要术·大小麦第十》："高田种小麦，穄穄不成穗……"

秐

字书无，义难解。可能是"秐"或"稈（今简化为'秆'）"的残字。《齐民要术·种谷第三》："中秐大谷。"

闶 chù

众多。《玉篇》："闶，众也。"《齐民要术·种谷第三》中有谷名"石抑闶"。（"闶"自注音"创怪反"。）

鸱 chī

一种猛禽，俗名鹞鹰或老鹰。《玉篇》："鸱，鸢属。"《齐民要术·种谷第三》中有谷名"鸱脚谷"，是一种穗子大而分叉的异形谷子。又《黍穄第四》引农谚："前十鸱张，后十羌襄，欲得黍，近我傍。""鸱张"，形容很大。

稙 zhī

早种的谷类作物。《说文》："稙，早种也。"《广雅·释言》："稙，早也。"《诗经·鲁颂·閟宫》："稙稺菽麦。"毛传："先种曰稙，后种曰稺（zhì，同'稚'）。"《齐民要术·种谷第三》："二月三月种者为稙禾，四月五月种者为稚禾。"

飏 yuàn

微风吹。又指风扬自落的谷子。《齐民要术·种谷第三》："飏子则莠（yǒu，狗尾草）多而收薄矣。" 飏子指落地的籽粒自发生芽，长成莠草而危害庄稼。（"飏"自注音"尹绢反"。）

菩 bèi，bó，pú

1. bèi，草名。《说文》："菩，草也。"《广韵》："菩，香草也。"《周礼·夏官·大驭》"犯軷（bá，出行时祭祀路神）"郑玄注："以菩刍棘柏为神主。"孙诒让正义："古野祭有束菩草为神主之法。"

2. bó，草名。《齐民要术·种谷第三》："二月上旬及麻菩杨生种者为上时。"（"菩"自注"音倍、音勃"。）

3. pú，菩提，意为正觉，指对佛教真理的觉悟。

挞 tà

1. 用鞭子或棍子打。《玉篇》："挞，笞（chī）也。"

2. 农具名，即打田篅。用一丛长细木草缚成扫帚的样子，上面压石块，牵引以压土或覆土。《齐民要术·种谷第三》："凡春种欲深，宜曳重挞。"《农政全书·农器》："挞，打田篅也，用科木缚如帚篅，复加扁阔，上以土物压之，亦要轻重随宜，用以打地……使垄满土实，苗易生也。"

辗 zhǎn，niǎn

一、读 zhǎn
卧不安席；身体翻来覆去。《诗经·国风·关雎》："辗转反侧。"郑玄笺："卧而不周曰辗。"朱熹注："辗者，转之半；转者，辗之周……皆卧不安席之意。"

二、读 niǎn
1. 同"碾"，滚动碾碌碡等使谷物去皮、破碎，或使其它物破碎、变平。《集韵》："辗，转轮治谷也。"

2. 一种如碌碡的农具，用以播种后的压土覆种。《齐民要术·种谷第三》：

"大雨不待白背，湿辗则令苗瘦。"形如王祯《农书》中记的"砘车"："砘车……畜力挽之，随耧种所过沟垄碾之，使种土相着，易为生发，然亦看土脉干湿何如，用有迟速也。"

镞 zú

1. 箭头。贾谊《过秦论》："秦无亡矢遗镞之费，而天下诸侯已困矣。"

2. 一种形状如箭头的小锄。《集韵》："镞，锄也。谚曰：'欲得谷，马耳镞。'（贾思勰说。）"《齐民要术·种谷第三》："苗生如马耳则镞锄。小锄者，非直省功，谷亦倍胜。"或指一种锄地方法。王祯《农书》卷十三"耰锄"："夫锄法有四：一次曰镞，二次曰布，三次曰壅，四次曰复。""镞"是用锄角进行间苗、锄草，功效快。（"镞"自注音"初角切"，古音读 chuò。）

率 shuài，lǜ

一、读 shuài

带领。《广韵》："率，领也。"《诗经·周颂·噫嘻》："率时农夫，播厥百谷。"

二、读 lǜ

1. 比率，约数；大概。《集韵》："率，约数也。"《齐民要术·种谷第三》："率多人者，田日三十亩，少者十三亩。"又《种椒第四十三》："若拔而移者，率多死。"

2. 通"律"，标准；法度。《齐民要术·种谷第三》："良田率一尺留一科。"

耩 jiǎng

1. 耕地。《广雅》："耩，耕也。"《齐民要术·种谷第三》："耩者非不壅本苗深……锄得五遍以上不烦耩。"今人以耕后下种为耩。

2. 给农作物除草培土。杨慎《古今谚》："五月锋，八月耩。"旧注："耩，壅苗根。"

3. 用耧播种或施肥。《齐民要术·小豆第七》："泽多者，耧耩，漫掷而劳之，如种麻法。"

4. 耩子，一种两边低、中起棱、后上弯的农具，用时将土推向两旁以播种或施肥。（"耩"自注音"故项反"。）

壅 yōng

1. 堵塞；遮盖。《广雅》："壅，障也。"
2. 堆积；把土或肥料培在植物根部。《农政全书·六畜》："且多得粪，可以壅田。"
3. 一种锄地方法。王祯《农书》"耰锄"："夫锄法有四：一次曰镞，二次曰布，三次曰壅，四次曰复。"

藁 gǎo

1. 稻、麦等的秆子。《广韵》："藁，禾秆。"《齐民要术·种谷第三》："湿积则藁烂，积晚则损耗。"又《笨曲并酒第六十六》"笨曲桑落酒法"："以藁茹瓮，不茹瓮则酒甜，用穰则太热。"
2. 藁本，多年生草本植物，茎直立中空，根可入药。亦称"西芎（xiōng）""抚芎"。
3. 地名。藁（gǎo）城，在今河北省。

坏 péi，huài

1. péi，加土修墙。《礼记·月令》："坏城郭。"郑玄注："坏，益也。"孔颖达疏："城郭当须牢厚，故言坏。"《齐民要术·种谷第三》引《礼记·月令》："修宫室，坏垣墙。"今写作"培"。
2. huài，繁体字"壞"的简化，破坏；残烂。《齐民要术·蔓菁第十八》："种不求多，唯须良地，故墟新粪坏墙垣乃佳。"

窦 dòu

孔；洞穴。《说文》："窦，空也。"段玉裁注："空、孔，古今语，凡孔皆谓之窦。"引申指地窖。《礼记·月令》："穿窦窖，修囷仓。"郑玄注："为民当入，物当藏也……隋（tuǒ，同'椭'）曰窦，方曰窖。"

堕 duò

1. 落，掉。《齐民要术·养牛马驴骡第五十六》："马生堕地无毛，行千里。"

2. 通"惰"，懒惰。《齐民要术·种谷第三》："抑亦堕夫之所休息，竖子之所嬉游。"

3. 通"椭（tuǒ）"，椭圆形。《齐民要术·种谷第三》引《礼记·月令》："穿窦窖，修困仓。"郑玄注："堕曰窦。""堕"即"椭"之借字。

4. 通"隳（huī）"，毁坏。

蒸 zhēng

1. 去皮的麻秸秆。《说文》："蒸，析麻中榦（gàn，主干）也。"

2. 细小的柴。《广韵》："蒸，粗曰薪，细曰蒸。"《诗经·小雅·无羊》："尔牧来思，以薪以蒸。"《淮南子·主术训》："冬伐薪蒸。"高诱注："大曰薪，小曰蒸。"《齐民要术·种谷第三》引郑玄注："谓刍、禾、薪、蒸之属也。"

3. 利用水蒸气的热力使食物变熟或加热。

诘 jié

责问；追究。《说文》："诘，问也。"《广雅》："诘，责也。"《礼记·月令》："反诘诛暴慢，以明好恶。"郑玄注："诘，谓问其罪，穷治之也。"

曜 yào

明亮；照耀。《集韵》："曜，光也。"《释名》："曜，耀也。光明照耀也。"

枵 xiāo

1. 大木中空的样子，引申为空虚。《说文》："枵，木貌。《春秋传》曰：'岁在玄枵。'枵，虚也。"段玉裁注："枵，大木貌…木大则多孔穴…玄枵以虚得名。"《正字通》："枵，凡物虚耗曰枵，人饥曰枵腹。"

2. 十二星宿之一，玄枵，与二十八星宿的女、虚、危相配。《正字通》："枵，又星次，自须女八度至危十五度为玄枵。"

莽 mǎng

1. 草；丛生的草。《小尔雅》："莽，草也。"《说文》："众草曰莽也。"

2. 粗率，冒失。《齐民要术·大小麦第十》："莽锄如宿麦。"（"莽"自注音"忙补反"。）

稊 tí

1. 一种形似稗的草，果实如小米。王符《潜夫论》："养稊稗者伤禾稼。"亦用以喻微小。《庄子·秋水》："计中国之在海内，不似稊米之在太仓乎？"辛弃疾《哨遍·秋水观》词："何言泰山毫末，从来天地一稊米。"

2. 植物的嫩芽；特指杨柳的新生枝叶。《易经·大过》："枯杨生稊。"李白《雉朝飞》诗："枯杨枯杨尔生稊，我独七十而孤栖。"

稗 bài

1. 稻田里的一种杂草，叶似稻，有害于稻子生长。果实可酿酒或作饲料。《说文》："稗，禾别也。"《左传·定公十年》："用秕稗也。"杜预注："稗，草之似谷者。"《齐民要术·种谷第三》："稗中有米，熟时捣取米，炊食之，不减粱米。"

2. 比喻微小、琐碎、非正统的。《广雅》："稗，小也。"《汉书·艺文志》："小说家者流，盖出于稗官。"颜师古注："偶语为稗。"

潦 lǎo，liǎo

1. lǎo，雨水大的样子；也指雨后大水。《说文》："潦，雨水大貌。"《玉篇》："潦，雨水盛也。"《齐民要术·杂说第三十》："凡冬籴豆、谷，至夏秋初雨潦之时粜之，价亦倍矣。"又同"涝"，水淹为灾。《庄子·秋水》："禹之时十年九潦。"

2. liǎo，做事不认真细心，书写不工整。今有"潦草"一词。

蔍 biāo

1. 蔍草。多年生草本，茎呈三棱形，可织席、编草鞋；叶子条形，花褐色；果实倒卵形。《说文》："蔍，草名，鹿藿也。"

2. 同"穮"，亦作"蔍（biāo）"，指锄草。高诱注引《左传·昭公元年》时将原文"穮"写作"蔍"。

41

蔉 gǔn

用土培苗根部。《广韵》："蔉，穮蔉，壅养苗。"《左传·昭公元年》："譬如农夫，是穮是蔉。"杜预注："壅苗为蔉。""是穮是蔉"，义同《诗经·小雅·甫田》中的"或耘或耔"。

昴 mǎo

1. 星名。二十八宿之一，西方白虎七宿的第四宿，有星四颗。《说文》："昴，白虎宿星。"《尚书·尧典》："日短星昴，以正仲冬。"孔安国传："昴，白虎之中星。亦以七星并见，以正冬节也。"《诗经·召南·小星》："维参与昴。"《淮南子·主术训》："昴星中，则收敛蓄积，伐薪木。"

泮 pàn

1. 泮宫；学宫。《说文》："泮，诸侯乡射之宫。"古代诸侯举行射礼的地方，也指地方的官办学校。清代称考中秀才为"入泮"。《聊斋志异·褚生》："则儿十三岁入泮矣。"

2. 分开；解散。《玉篇》："泮，散也，破也。"《诗经·邶风·匏有苦叶》："士如归妻，迨冰未泮。"《淮南子·人间训》："霜降而树谷，冰泮而求获，欲得食则难矣。"

3. 通"畔"，岸边。《诗经·卫风·氓》："淇则有岸，隰则有泮。"

溲 sǒu，sōu

一、读 sǒu

1. 浸泡。《说文》："溲，浸沃也。"《齐民要术·种谷第三》："先种二十日时，以溲种如麦饭状。"将粪调和好后附在种粒上，起到种肥作用。

2. 用水调和。《正字通》："溲，水调粉面也。"《齐民要术·饼法第八十二》："细环饼、截饼……皆须以蜜调水溲面。"

二、读 sōu

1. 便溺。《集韵》："溲，溺谓之溲。"

2. 淘米声。引申为淘洗。《聊斋志异·小谢》："析薪溲米，为生执爨。"

42

町 tīng

1. 田界；田间小路。《说文》："町，田践处曰町。"
2. 古代的地积单位；田亩。《左传·襄公二十五年》："町原防，牧隰皋，井衍沃。"孔颖达疏："原防之地，九夫为町，三町而当一井也。"《齐民要术·种谷第三》："町间分为十四道，以通人行。"

荏 rěn

1. 植物名，亦称"白苏"。《尔雅》："荏，苏也。"一年生草本，茎方形，叶椭圆形、有锯齿，气味芳香；种子称"苏子"，可榨油；嫩叶可食。《齐民要术·种谷第三》："区种荏，令相去三尺。"《齐民要术·荏蓼第二十六》："荏，子白者良，黄者不美。荏性甚易生……"
2. 大。《诗经·大雅·生民》："蓺（yì，种植）之荏菽。"荏菽即大豆。
3. 软弱，怯懦。《论语·阳货》："色厉而内荏。"

懿 yì

1. 美好（多指德行）。《说文》："懿，专久而美也。"《尔雅》："懿，美也。"《齐民要术·种谷第三》："西兖州刺史刘仁之，老成懿德。"
2. 赞扬，称颂。《新唐书·列女传》："高宗懿其行，赐物百段。"

缲 zǎo

1. 青色或微带红色的黑色帛。《说文》："帛如绀色。"
2. 同"缫（sāo）"，把蚕茧浸在沸水中抽丝。《说文》："缲，绎茧为丝也。"《孟子·滕文公下》："夫人蚕缲以为衣服。"《齐民要术·种谷第三》："骨汁及缲蛹汁皆肥，使稼耐旱。"又《种桑柘第四十五》："用盐杀茧，易缲而丝韧……郁浥则难缲。"杜甫《白丝行》："缲丝须长不须白，越罗蜀锦金粟尺。"
3. 原作"绡（qiāo）"，今人多写作"缲"，指一种缝纫方法。做衣服边或带子时把布边儿往里卷入，然后藏着针脚儿缝起来。

概 gài

1. 古代量米麦谷时用以刮平斗斛的小板儿。《韩非子·外储说左下》："概者，平量者也。"

2. 削平；刮。《齐民要术·种谷第三》引《氾胜之书》："令两人持长索相对，各持一端，以概禾中，去霜露。"

酽 yàn

指茶、酒、醋等饮料味厚色浓。《广韵》："酽，酒醋味厚。"《齐民要术·种谷第三》："稗中有米……又可酿作酒。酒势美酽，尤逾黍、秫。"又《种红蓝花栀子第五十二》："以汤淋取清汁，初汁纯厚太酽。"

沐 mù

1. 洗头发。《说文》："沐，濯发也。"《史记·鲁周公世家》："一沐三捉发，一饭三吐哺。"引申为润泽。

2. 修剪。《释名》："沐，秃也。"《齐民要术·种桑柘第四十五》："栽后二年，慎勿采沐。"此指剪去树枝。

涂 tú

1. 使油漆、颜色、脂粉、药物等附着在物体上。《齐民要术·种红蓝花栀子第五十二》："小儿面患皴者……以暖梨汁涂之，令不皴。"引申为随意写画。

2. 同"途"，道路。《周礼·地官·遂人》："百夫有洫（xù，田间水沟），洫上有涂。"郑玄注："涂，道路……涂容乘车一轨，道容二轨。"《齐民要术·种谷第三》中引管子对曰："沐涂树之枝。"

稘 jī

同"期（jī）"。周年；又指时间周而复始。《广韵》："稘，周年。又复时也。"《尚书·尧典》："稘，三百有六旬又六日。"《齐民要术·种谷第三》："稘年，民被布帛，治屋，筑垣墙。"

乘 chéng，shèng

一、读 chéng

用交通工具或牲畜代替步行；驾驭。《广韵》："乘，驾也。"《墨子·亲士》："良马难乘，然可以任重致远。"

二、读 shèng

1. 春秋时晋国的史书叫"乘"，后称一般史书。

2. 古代称四匹马拉的车一辆为一乘。《庄子·列御寇》："王悦之，益车百乘。"成玄英疏："乘，驷马也。"《齐民要术·种谷第三》："一树而百乘息其下。"

捎 shāo，xiāo

一、读 shāo

1. 割，削。《广韵》："捎，芟也。" 《史记·龟策列传》："以夜捎兔丝去之。"

2. 顺便寄带。

二、读 xiāo

除。《正字通》："捎，除也。"《周礼·考工记·轮人》："以其围之阞（lè，余数）捎其薮。"郑玄注："捎，除也。"《齐民要术·种谷第三》："一树而百乘息其下，以其不捎也。"

柎 fū

1. 足，器物的脚。《说文》："柎，阑足也。"《急就篇》"锭锭"颜师古注："有柎者曰锭，无柎者曰锭。柎，谓下施足也。"此义今多写作"跗"（fū）。

2. 花托，或指花萼。《玉篇》："柎，花萼足也，凡草木房谓之柎。"《山海经·西山经》："崇吾之山有木焉，员（圆）叶而白柎。"郭璞注："今江东人呼草木子房为柎。"

3. 柄，器物的把儿。《周礼·考工记·弓人》："凡为弓，方其峻而高其柎。"此义今写作"弣"（fǔ）。

4. 倚扶，拍。《管子·轻重戊》："父老柎枝而论，终日不归。"此义今写作"拊"（fǔ）或"抚"。

遽 jù

1. 匆忙；急促。《玉篇》："遽，疾也，卒（猝）也。"《齐民要术·种谷第三》："如寇盗之至，谓促遽之甚，恐为风雨所损。"

2. 战栗；恐惧。《广雅》："遽，惧也。"《齐民要术·种梅杏第三十六》引《神仙传》："即有五虎逐之。此人怖遽，檐倾覆……虎乃还去。"

3. 于是，就。

蔌 sù

蔬菜的总称。《尔雅》："菜谓之蔌。"郭璞注："蔌者，菜茹之总名。"《诗经·大雅·韩奕》："其蔌维何？维笋及蒲。""蔌"是"蔬"的音转字。欧阳修《醉翁亭记》："山肴野蔌，杂然而前陈者，太守宴也。"

甽 quǎn

田间水沟。《吕氏春秋·辩土》："亩欲广以平，甽欲小以深。"《汉书·食货志上》："后稷始甽田……广尺深尺曰甽。""甽"也写作"畎（quǎn）"。《说文》："畎，水小流也。"《字汇》："畎，田中沟。"引申为田地、田野。《集韵》："畎，田亩也。"（"甽"自注音"工犬反"。）

隤 tuí

1. 倒下；崩溃。《说文》："隤，下队（坠）也。"《汉书·食货志上》："因隤其土以附苗根。"颜师古注："隤，谓下之也。"

2. 毁，败坏。司马迁《报任安书》："李陵既生降，隤其家声。"

芓 zì, zǐ

1. zì，大麻的雌株，开雌花，结果实。《说文》："芓，麻母也。一曰芓即枲也。"段玉裁注："枲无实，芓乃有实。""芓"亦写作"茡"。

2. zǐ，给禾苗根部培土，同"秄"，也写作"耔"。《说文》："秄，壅禾本。"《玉篇》："秄，壅苗本也。"《汉书·食货志上》引释"或芸或芓"："芸，除草也。芓，附根也。"

儗 nǐ

1. 超越本分。《说文》："儗，僭也。"《汉书·贾谊传》："诸侯王僭儗，地过古制。"

2. 同"薿"（nǐ），茂盛。《说文》："薿，茂也。"《诗经·小雅·甫田》："或耘或耔，黍稷薿薿。"薿薿，草木、农作物茂盛的样子。《汉书·食货志上》引此句为："或芸或芋，黍稷儗儗。"

缦 màn

无花纹的丝织品。《说文》："缦，缯无文也。"引申为不加文饰。《国语·晋语》："乘缦，不举，策于上帝。"韦昭注："缦，车无文。"《汉书·食货志上》："（甽田）一岁之收，常过缦田亩一斛以上。"颜师古注："缦田，谓不为甽者也。"缦田是未作垄沟的田地，收成较低。（"缦"自注音"莫干反"。）

壖 ruán

城下、宫庙外及水边等处的空地或田地；又指古代宫殿的外墙。《史记·河渠书》："五千顷故尽河壖弃地。"裴骃集解引韦昭注："壖，谓缘河边地。"《汉书·食货志上》："过试以离宫卒，田其宫壖地。"颜师古注："壖，余也。宫壖地，谓外垣之内、内垣之外也。诸缘河壖地，庙垣壖地，其义皆同。守离宫卒，闲而无事，因令于壖地为田也。"（"壖"自注音"而缘反"。）

秬 jù

黑黍。《尔雅》："秬，黑黍。"《吕氏春秋·本味》："饭之美者……南海之秬。"高诱注："秬，黑黍也。"

秠 pī

一壳内有二粒米的黑黍。《说文》："秠，一稃二米。"郭璞注："秠亦黑黍，但中米异耳。"

稃 fū

1. 谷壳；粗糠。《广韵》："稃，谷皮。"范成大《上元纪吴中节物》："捻粉团栾意，熬稃膈（bì）膊声。"

2. 泛指草本植物果实外面包着的硬壳。《玉篇》："稃，甲也。"《齐民要术·种紫草第五十四》："候稃燥载聚，打取子。"（"稃"自注音"芳蒲反"。）

坸 ōu

1. 沙堆。《集韵》："坸，沙堆。"《齐民要术·黍穄第四》中有谷名"坸芒"。

2. 同"瓯"，瓦器，陶器。《齐民要术·炙法第八十》"捣炙"："竖坸中，以鸡鸭子白手灌之。"

穈 méi

即"穈子"，指不黏的黍。《广雅》："穈，穄也。"

厘厘 lí lí

（果实等）多而成串儿。《齐民要术·黍穄第四》中引谚语："椹厘厘，种黍时。""厘厘"即"离离"，形容桑椹的丰实。《诗经·小雅·湛露》："其桐其椅，其实离离。"毛传："离离，垂也。"孔颖达疏："垂而蕃多。"

塲 shāng

耕过的疏松土壤。《玉篇》："塲，耕壤。"《集韵》："塲，浮壤。"今写作"墒"。《齐民要术·黍穄第四》："燥湿候黄塲，种讫不曳挞。""黄塲"即"黄墒"，指田地耕耙整平后土壤湿润，适宜下种。又《旱稻第十二》："至春，黄塲纳种，不宜湿下。"（"塲"自注音"始章切"。）

牟 móu

1. 牛叫声。《说文》："牟，牛鸣也。"此义今写作"哞"

2. 大麦。《字汇》："牟，大麦也。"《诗经·周颂·思文》："贻我来牟。"毛传："牟，麦。"朱熹集传："来，小麦；牟，大麦。"《天工开物·乃粒》："今天下育民者，稻居什七，而来、牟、黍、稷居什三。"今写作"麰"。

3. 贪求；掠夺。《汉书·景帝纪》："渔夺百姓，侵牟万民。"

4. 通"鍪（móu）"，古代战士戴的头盔。《古今韵会举要》："鍪，通作牟。"《齐民要术·黍穄第四》："久积则浥郁，燥践多兜牟。""燥践多兜牟"可以理解为谷物晒得太干再脱粒时，外壳会紧包着种仁，即使种仁被压破，壳也不容易脱落。

虋 mén

1. 一种良种谷子，也叫赤粱粟。《说文》："虋，赤苗，嘉谷也。"《尔雅》："虋，赤苗也。"郭璞注："虋，今之赤粱粟。"

2. 草茂盛。《本草纲目》："草之茂者为虋。"中药"麦虋冬"俗简写作"麦门冬"。

芑 qǐ

1. 一种良种谷子，白茎，也叫白粱粟。《说文》："芑，白苗，嘉谷。"《尔雅》："芑，白苗也。"郭璞注："芑，今之白粱粟。"

2. 一种有苦味的野菜。《诗经·小雅·采芑》："薄言采芑，于彼新田。"毛传："芑，菜也。"孔颖达疏："芑菜，似苦菜，茎青白色，摘其叶白汁出，肥，可生食，亦可蒸为茹。"

"芑"亦写作"萓"，《齐民要术》卷十《菜茹五十》中有"云梦之萓"。（"萓"自注音"胡对反"，古音又读 huì。）

槵 huàn

木名，落叶乔木，无患子俗称"菩提子"，果核可作念珠。《集韵》："槵，木名，无患也。"《酉阳杂俎》："烧之极香，辟恶气。"崔豹《古今注》："拾櫨（zhā）木，一名无患。昔有神巫名宝眊，能符劾百鬼。得鬼，以此棒杀之。世人以此木为众鬼所畏，故名无患也。"

棓 bàng

连枷，打谷物以脱粒的棍棒，今写作"棒"。《广雅》："棓，杖也。"

荅 dá

1. 小豆。《说文》："荅，小尗（菽）也。"《广雅》："大豆，菽也。小豆，荅也。"

2. 粗厚；厚重。《齐民要术·货殖第六十二》引《汉书·货殖传》："荅布、皮革千石。"孟康注："荅布，白叠也。"颜师古注："粗厚之布也。其价贱，故与皮革同其量耳，非白叠也。荅者，厚重之貌。"

㚄 bí

豆名，豌豆。㚄豆也称跸（bì）豆。《广雅》："㚄豆，豌豆。"（"㚄"自注音"方迷反"，按应"边迷反"。）

𧀡 xiáng 𣀩 shuāng

豇豆。《本草纲目》中"豇豆"："豇豆，𧀡𣀩。时珍曰：此豆红色居多，荚必双生，故有豇、𧀡𣀩之名。"（"𧀡"自注音"胡江反"。）

椠 qiàn

1. 书版，古代削木为牍，未经书写的素版为椠。《说文》："椠，牍朴也。"段玉裁注："椠谓书版之素未书者也。"引申为书籍或书信。《齐民要术·大豆第六》中"椠甘"与书类无关，可能传抄致误。

2. 树根下生出的木耳。《齐民要术·羹臛法第七十六》"椠淡"注："椠者，树根下生木耳。"（"椠"自注音"七艳切"。）

𦼠 láo

一种野生小豆，又称鹿豆、野绿豆。茎细长，荚红色，种子黑色。也写作

"萱"。《齐民要术·大豆第六》："䜶豆，小豆类也。"又卷十《茖六八》中有"叶如萱豆而细"。（"䜶"自注音"力刀切"。）

荬 jiāo

1. 干饲料。《说文》："荬，干刍。"《齐民要术·大豆第六》："种荬者，用麦底。一亩用子三升。"此指"荬豆"。这种大豆是收获时连茎带叶贮存好，用为牲畜越冬的饲料。又《养牛马驴骡第五十六》："四月青草，与荬豆不殊。"又《养羊第五十七》："三四月中，种大豆一顷杂谷并草留之，不须锄治，八九月中，刈作青荬。"

2. "菰""蒋"的别名，指荬白。荬白的叶子又称"菰蒋草"。《本草纲目》："江南人呼菰为荬，以其根交结也……"

畩 liè

1. 翻耕田地。《集韵》："畩，耕田起土也。"《齐民要术·大豆第六》："先漫散讫，犁细浅畩而劳之。"又《大小麦第十》："种大小麦，先畩……"（"畩"自注音"良辍反"。）

2. 同"埒"，土埂子，田界。《正字通》："畩，俗埒字，即田界义。"《齐民要术·水稻第十一》："畦畩大小无定，须量地宜，取水均而已。"

萁 qí

豆秆。《说文》："萁，豆茎也。"《汉书·杨恽传》："种一顷豆，落而为萁。"《齐民要术·大豆第六》："旱则萁坚叶落，稀则苗茎不高，深则土厚不生。"

垡 fá

1. 耕土翻地。《广韵》："垡，耕土。"

2. 翻耕过的土地。《集韵》："垡，耕起土也。"《齐民要术·大豆第六》："先深耕讫，逆垡掷豆，然后劳之。"

坎 kǎn

1. 小坑；坑洞。《说文》：“坎，陷也。”《齐民要术·大豆第六》引“区种大豆法”：“坎方深各六寸……坎内豆三粒……”又《种桑柘第四十五》引《杂五行书》：“取亭部地中土……以塞坎，百日鼠种绝。”
2. 田野中的条状突起，俗称田坎儿。

苴 jū

1. 本义指用草做成的鞋垫。《说文》：“苴，履中草。”《玉篇》：“苴，履中荐也。”《汉书·贾谊传》：“冠虽敝不以苴履。”
2. 苴麻，又称“种麻”。大麻的雌株，开花后能结果实。《诗经·豳风·七月》：“九月叔苴。”《齐民要术·种麻第八》：“崔寔曰：‘二、三月可种苴麻。’‘麻之有实者为苴。’”
3. 通“楂”，山楂树。《山海经·中山经》：“（卑山）其上多桃、李、苴、梓……”

籴 dí

买入粮食。《说文》：“籴，市谷也。”《玉篇》：“籴，入米也。”《齐民要术·种麻第八》：“市籴者，口含少时，颜色如旧者佳。”

點 diǎn

1. 细小的瘢痕。《说文》：“點，小黑也。”《广雅》：“點，污也。”其引申义较多。“點”简化后写作“点”。
2. 可能是“藉（jiē，麻秆）”残烂或传抄致误。《玉篇》：“藉，麻茎也。”《正字通》：“藉，凡麻、豆茎皆曰藉。”《齐民要术·种麻第八》：“故墟亦良，有點叶夭折之患，不任作布也。”（“點”自注音“丁破反”，旧读为 duò。）

骊 lí

深黑色的马。《说文》：“骊，马深黑色。”《礼记·檀弓上》：“戎事乘骊。”

52

《诗经·鲁颂·駉》："有骊有黄，以车彭彭。"引申为深黑色，黑色。《小尔雅》："骊，黑也。"《齐民要术·种麻第八》："放勃不收而即骊。"此指麻有了花粉后若还不收获，麻皮就变成灰黑色，质量很差。

藗 jiǎn

束扎成小把。《说文》："藗，小束也。"《广雅》："藗，束也。"《农政全书·杂种下》："以茅藗束，切去虚梢。"

稃 fū

同"秿"，将割倒的禾麦铺积。《广雅》："秿，积也。"《玉篇》："秿，禾积也。"《齐民要术·种麻第八》："藗欲小，稃欲薄，为其易干。"这里指捆缚成小把，铺摊得要薄，使麻容易晒干。"稃"，又音 bū。

啮 niè

1. 以牙齿咬或啃。《齐民要术·种麻子第九》："麻子啮头，则科大。"此指雌麻被牲畜咬去顶梢，将长出许多侧枝，成为大麻丛以遮蔽。"啮"古音读 yǎo。

2. 野菜名，苦堇。《尔雅》："啮，苦堇也。"郭璞注："今堇葵也，叶似柳，子如米，汋（yuè，煮）食之，滑。"

溷 hùn

1. 肮脏；混浊。《说文》："溷，乱也。一曰水浊貌。"《广雅》："溷，浊也。"屈原《离骚》："世溷浊而莫余知兮。"

2. 厕所；粪坑。《齐民要术·种麻子第九》："无蚕矢，以溷中熟粪粪之亦善。"

穬 kuàng

穬麦，大麦的一种，芒长，果实成熟时种子与稃壳分离，易脱落，也称裸大麦、铃铛麦或元麦。青海、西藏地区又称青稞。《说文》："穬，芒粟也。"《齐民要术·杂说第三十》引《四民月令》："四月……可籴穬及大麦。"又《醴酪第八十五》："煮杏酪粥法：用宿𥣬麦，其春种者则不中。""宿𥣬麦"，指越冬𥣬麦。

𪋿 móu

1. 大麦。《广雅》："大麦，𪋿也。"《齐民要术·大小麦第十》引《陶隐居本草》："大麦为五谷长，即今倮（裸）麦也，一名𪋿麦，似𥣬麦，唯无皮耳……大、𥣬二麦，种别名异……"大麦应是有稃大麦和裸大麦的总称。今人通常称有稃大麦为大麦，而称裸大麦为裸麦、𥣬麦、元麦，陶弘景（隐居）所辨与今人恰恰相反。陶所说"𥣬麦"是指内外颖与种皮不易分离的通常大麦。《齐民要术》卷十《麦四》引《说文》："𪋿，周所受来𪋿也。"

2. 大麦曲，酒母。《方言》卷十三："𪋿，麹也，齐右河济或曰𪋿也。"郭璞注："𪋿，大麦麹。"（"麹"简化后写作"曲"。）

秾 lái

小麦；也泛指麦类作物。《说文》："齐谓麦，秾也。"《字汇》："秾，小麦。"秾同秾。《广雅》："小麦，秾也。"

稤 wǎn

稤麦，大麦的一种。《齐民要术·大小麦第十》引《广志》："稤麦，似大麦，出凉州。"

暵 hàn

1. 干涸；干旱。《说文》："暵，干也。"

2. 曝晒。《广韵》："暵，日干也。"《正字通》："暵，曝也。"特指曝田，也称"炕地"。《说文》："暵，耕暴田曰暵。《易》曰'燥万物者，莫暵乎火。'"《周礼·地官·舞师》："帅而舞旱暵之事。"《齐民要术·大小麦第十》："大小麦皆须五六月暵地。不暵地而种者，其收倍薄。"又《旱稻第十二》："凡下田停水处……故宜五六月时暵之。"

秈 xiān，jiān，liàn

1. xiān，不黏的稻，即籼稻。《说文》："秈，稻不黏者。"籼稻的茎秆较高较软，穗上籽粒较稀，米粒细长。

2. jiān，稻青穗白米。《集韵》："稴，青稻白米。"《齐民要术·水稻第十一》引《风土记》："稴，稻之青穗，米皆青白也。"

3. liàn，禾穗空而不实。《集韵》："稴，稴穆，禾不实貌。"《齐民要术·大小麦第十》引民歌："高田种小麦，稴穆不成穗……"

箪 dān

竹、苇类编制的圆形容器。《说文》："箪，笥（sì）也。"段玉裁注："箪、笥有盖，如今之箱盆。"《礼记·曲礼上》："凡以弓剑苞苴箪笥问人者……"郑玄注："箪笥，盛饭食者。圆曰箪，方曰笥。"《孟子·告子上》："一箪食，一豆羹，得之则生，弗得则死。"《汉律令》："箪，小筐也。"《齐民要术·大小麦第十》："蒿、艾箪盛之，良。"又《水稻第十一》："藏稻必须用箪。"王祯《农书》卷十五"种箪"："盛种竹器也。其量可容数斗，形如圆瓮，上有罨（yǎn）口。农家用贮谷种，庪（guǐ，放置）之风处，不至郁浥，胜窖藏也。"

浡 bó

1. 兴起；涌出。《尔雅》："浡，作也。"《广韵》："浡，浡然兴作。"《齐民要术·大小麦第十》："浡然而生，至于日至之时，皆熟矣。"

2. 同"渤"，渤海。

硗 qiāo

1. 坚硬的石头。《广韵》："硗，石也。"《玉篇》："硗，坚硬也。"承培元《广潜研堂说文答问疏证》："硗，乃石之坚者。"

2. 土地坚硬瘠薄。《孟子·告子上》："虽有不同，则地有肥硗……"赵岐注："硗，薄也。"《国语·楚语》："瘠硗之地。"《通俗文》："物坚硬谓之硗埆。"《齐民要术·旱稻第十二》："凡下田停水处……难治而易荒，硗埆而杀种。""硗"亦写作"硗"。《淮南子·原道训》："田者争处硗埆。"

筛 shāi

同"筛"。《说文》："筛……竹器也。"《集韵》："筛，下物竹器，可以除粗取细。"《齐民要术·大小麦第十》:"细磨,下绢筛,作饼,亦滑美。"

劬 qú

过分劳苦;勤劳。《集韵》:"劬,勤也。"《诗经·小雅·蓼莪》:"哀哀父母,生我劬劳。"《齐民要术·大小麦第十》:"耕锄之功,更益劬劳。"

酢 zuò,cù

1. zuò,客人用酒回敬主人。《正韵》:"酢,客酌主人也。"《诗经·大雅·行苇》:"或献或酢,洗爵奠斝(jiǎ,古代酒具,圆口上有二柱,三足)。"郑玄笺:"进酒于客曰献,客答之曰酢。"今有"酬酢"一词,指主客相互敬酒,引申为朋友交往应酬。

2. cù,调味用的酸味液体;酸味。今写作"醋"。《玉篇》:"酢,酸也。"《齐民要术·大小麦第十》:"薄渍麦种以酢浆并蚕矢……酢浆令麦耐旱,蚕矢令麦忍寒。"又《种桃奈第三十四》中有"桃酢法"。("酢"自注音"且故反"。)

碌 liù 碡 zhou

"碌碡"也写作"磟碡""陆轴",是用畜力挽行的辊碾田间土块或场上谷物的器具,多用木或石制。《正字通》:"磟、碌、磟并通。"陆龟蒙《耒耜经》:"有磟碡……咸以木为之,坚而重者良。"《清稗类钞》:"磟碡,农具也,亦作碌碡,以石为圆管形,中贯以轴,外施木匡,曳行而轻压之。"王祯《农书》卷十二:"与磟碡之制同,但外有列齿,独用于水田,破块滓,溷泥涂也。"《齐民要术·大小麦第十》:"唯映(应作'快')日用碌碡碾。"又《水稻第十一》:"先放水,十日后,曳陆轴十遍。遍数唯多为良。"

饦 tuō

饼类食品。《方言》卷十三:"饼谓之饦。"《齐民要术·大小麦第十》:"青稞麦……堪作饭及饼饦,甚美。""饼饦"是面食的泛称。

稌 tú

粳稻。也称糯稻。《尔雅》:"稌,稻。"郭璞注:"今沛国呼稌。"崔豹《古今注》："稻之黏者为秫，亦谓稌为秫。"《诗经·周颂·丰年》："丰年多黍多稌。"《周礼·天官·食医》："牛宜稌，羊宜黍。"

稷 jì

1. 我国古代最早种植的谷物之一，引申为庄稼和粮食的总称。《说文》："稷，齌（zī，同'粢'）也。五谷之长。"《本草纲目》："黏者为黍，不黏者为稷。稷可作饭，黍可酿酒。"《尔雅》："稷，粟也。"王念孙《广雅疏证》："稷，今人谓之高粱。"《诗经·王风·黍离》："彼黍离离，彼稷之苗。"

2. 谷神、农官也以"稷"名。《字汇》："稷，谷神。"《左传·昭公二十九年》："稷，田正也。"

穳 fèi

一种秸秆紫色、不黏的稻子。《说文》："穳，稻紫秆不黏也。"徐锴系传："即今紫华稻。"《广韵》："穳，稻不黏也。"《齐民要术·水稻第十一》引《风土记》："稻之紫茎。"

秜 lí

稻谷落地来年自生的稻子，即野生稻。《说文》："秜，稻今年落，来年自生谓之秜。"徐锴系传："即今云稆（lǔ）生稻也。"段玉裁注："谓不种而自生者也。"《齐民要术·水稻第十一》引《字林》："秜，稻今年死（按：稻一般无宿根，"死"字为误），来年自生曰秜。"（"秜"自注音"力脂反"。）

菰 gū

1. 茭笋，水生草本，茎下部膨大称茭白，果实为菰米，也叫雕胡米。《广雅》："菰，蒋也，其米谓之彫胡。"《齐民要术·粽糭法第八十三》："用菰叶裹黍米……"又《飧饭第八十六》中有"菰米饭法"。

2. 菌。《正字通》："菌，江南呼为菰。"《齐民要术·水稻第十一》："菰灰稻，一年再熟。"又《羹臛法第七十六》中有"菰菌鱼羹"的做法。

穤 nuò

黏性较大的谷物。《齐民要术·水稻第十一》："秫稻米，一名穤米。"（"穤"自注音"奴乱反"。）

稦 hé

禾类，黏性较大。《玉篇》："稦，似黍而小。"《齐民要术·水稻第十一》有"九稦秫"之名。

秔 jīng

同"稉"（今写作"粳"），一种黏性较小的谷物。《说文》："秔，稻属。"《汉书·东方朔传》："驰骛禾稼稻秔之地。"颜师古注："稻，有芒之谷总称也。秔，其不黏者也。"

篅 chuán

用草或竹编的盛谷的圆形容器。《说文》："篅，以判竹，圆以盛谷也。"《齐民要术·水稻第十一》："地既熟，净淘种子……内（同"纳"）草篅中裹之。"（"篅"自注音"市规反"。）

薅 hāo

拔草。《说文》："薅，拔去田草也。"引申为除去。（"薅"自注音"虎高切"。）

隈 wēi

山水弯曲隐蔽处。《说文》："隈，水曲隩也。"《尔雅》："厓内为隩，外为隈。"《淮南子·览冥训》："田者不侵畔，渔者不侵隈。"高诱注："隈，曲深处，鱼所聚也。"《管子·形势》："大山之隈，奚有于深。"尹知章注："隈，山曲也。"《齐民要术·水稻第十一》："随逐隈曲而田者，二月冰解地干，烧而耕之，仍即下水。"又卷十《竹五一》引《湘中赋》："滨荣幽渚，繁宗隈曲。"

斫 zhuó

1. 斧刃。《墨子·备穴》："斧以金为斫。"又指刀斧。
2. 用刀斧砍，击。《说文》："斫，击也。"段玉裁注："凡斫木、斫地、斫人，皆曰斫矣。"《齐民要术·栽树第三十二》"种名果法"："三月上旬，斫取好直枝。"
3. 大锄；又指平田整地农具。《尔雅》："斫谓之镯（zhuó，锄类农具）。"郭璞注："钁也。"《齐民要术·水稻第十一》："二月，冰解地干……持木斫平之。"又《种苜蓿第二十九》："更以鲁斫斸其科土，则滋茂矣。""木斫""鲁斫"皆为整土农具。

潴 zhū

水停或聚积的地方。徐锴《说文新附》："潴，水所亭（停）也。"《集韵》："潴，水所停曰潴。"《周礼·地官·稻人》："稻人掌稼下地，以潴畜水。"郑玄注："偃潴者，畜流水之陂也。"此指人工修筑的蓄水陂塘。

遂 suì

1. 逃跑。《说文》："遂，亡也。"
2. 终了；成功。《广雅》："遂，竟也。"《广韵》："遂，成也。"《齐民要术·醴酪第八十五》："煮醴酪……中国流行，遂为常俗。"
3. 田间排水灌溉的小沟。《字汇补》："遂，小沟也。"《周礼·地官·遂人》："凡治野，夫间有遂，遂上有径。"郑玄注："遂，所以通水于川也，广深各二尺。"《周礼·地官·稻人》："稻人……以遂均水。"郑玄注："遂，田首受水小沟也。"从渠系分流下来的水，通过"遂"才直接灌溉到田畦中的。

浍 kuài

田间的水沟。《尔雅》："（水）注谷曰沟，注沟曰浍。"《周礼·地官·遂人》："千夫有浍，浍上有道。"《周礼·地官·稻人》："稻人掌稼下地……以浍写（通"泻"）水。"郑玄注："浍，田尾去水大沟也。"

殄 tiǎn

1. 消灭；灭绝。《说文》："殄，尽也。"
2. 病。《周礼·地官·稻人》："凡稼泽，夏以水殄草而芟夷之。"郑玄注："殄，病也，绝也。"

蕴 yùn

积聚。《说文》："蕴，积也。"《左传·襄公十一年》："凡我同盟，毋蕴年，毋壅利。"杜预注："蕴积年谷，而不分灾。"《周礼·地官·稻人》"芟夷"，郑玄注引郑司农："芟夷、蕴崇之。"

薙 tì

除草。《说文》："薙，除草也。"《周礼·秋官·薙氏》："夏至日而薙之。"《礼记·月令》："大雨时行，乃烧、薙、行水……"郑玄注："薙，谓迫地芟草也。""薙"今简化为"剃"。

蓠 lí

1. 蘼芜的别名。《说文》："蓠，江蓠，蘼芜。"《玉篇》："蓠，香草，芎（xiōng）䓖（qióng）苗也。"
2. 龙须菜或野生稻。《淮南子·泰族训》"离，先稻熟，而农夫耨之"旧注："稻米随而生者为离，与稻相似。"《齐民要术·水稻第十一》中引作"蓠，先稻熟，而农夫薅之"，高诱注："蓠，水稗。""离（蓠）"可能是"秜"的音转，指野生稻。

塍 chéng

田间的土埂。"塍"同"塍"。《说文》："塍，稻中畦也。"刘禹锡《插田歌》："田塍望如线，白水光参差。"《齐民要术·水稻第十一》中引《氾胜之书》："种稻……始种稻欲温，温者缺其塍，令水道相直；夏至后大热，令水道错。"

埆 què

土地瘠薄。《篇海类编》："埆，垎埆，瘠薄。"《墨子·亲士》："垎埆者，其地不育。"《齐民要术·旱稻第十二》："凡下田停水处……硗埆而杀种。"见"硗"字解析。

挵 liè

1. 扭转；转动。《齐民要术·杂说第三十》："汁冷，挵出，曝干，则成矣。"
2. 折断；掐去。《齐民要术·旱稻第十二》："其苗长者，亦可挵去叶端数寸，勿伤其心也。"

诣 yì

1. 前往；拜访。《玉篇》："诣，往也，到也。"《说文》："诣，候至也。"《齐民要术·胡麻第十三》："候口开，乘车诣田……"
2. 学问达到的境界，今有"造诣"一词。

瓡 lián

瓜子或瓜名。《玉篇》："瓡，瓜子。"《广韵》："瓡，瓜名。"《广雅》："水芝，瓜也；其子谓之瓡。"《齐民要术·种瓜第十四》引作："土芝，瓜也；其子谓之瓡。"（"瓡"自注音"力点反"。）

骹 qiāo

小腿；脚部。《说文》："骹，胫也。"段玉裁注："胫，膝下也，凡物之胫皆曰骹。"《齐民要术·种瓜第十四》中有"羊骹"瓜名。又《养鸡第五十九》引《广志》："白鸡金骹者，鸣美。"

瓡 wēn 瓡 tún

瓜名。《玉篇》："瓡，瓡瓡，瓜名。"《齐民要术·种瓜第十四》中有"瓡瓝" 瓜名。（"瓝"自注音"大真反"。）

瓤 pián

瓜名。《广雅》："白瓤，瓜属也。"《齐民要术·种瓜第十四》中有"白瓤""黄瓤"的瓜名。

猒 yàn

同"厭"。今简化为"厌"。《说文》："猒，饱也。"段玉裁注："厭专行而猒废矣……猒、厭古今字。"《齐民要术·种瓜第十四》中有瓜名"猒须"。

甇 yíng

小瓜。《说文》："甇，小瓜。"段玉裁注："……亦一种小瓜之名。""甇"古音又读 xíng。

瓞 dié

小瓜；又称节瓜、毛瓜，属于冬瓜的一个变种。《玉篇》："瓞，小瓜也。"《诗经·大雅·绵》："绵绵瓜瓞。"孔颖达疏："瓜之族类本有二种，大者曰瓜，小者曰瓞。"

栝 guā

1. 木名，指桧（guì）树。《玉篇》："栝，木名，柏叶松身。"
2. 栝楼，也写作"栝蒌""瓜蒌""苦蒌"，一种瓜名。多年生草本，茎叶、种子、块根可入药，块根入药称天花粉。

"栝"旧读音为 kuò，今"爣（yǐn）栝"一词用此音。

搏 tuán

捏成圆形。《说文》："搏，圆也。"《广雅》："搏，著也。"《齐民要术·种瓜第十四》中有瓜名"白搏"。又《八和齑第七十三》中"作芥子酱法"："搏作丸，大如李，或饼子，任在人意也。""搏"今简化写作"抟"。

骭 gàn

腿骨。《广韵》："骭，胫骨。"《齐民要术·种瓜第十四》中有瓜名"玄骭"。

喎 wāi

嘴歪。《玉篇》："喎，同'呙'，口戾也。"《集韵》："呙，《说文》：'口戾不正也。'或作喎。"泛指偏斜；不正。《齐民要术·种瓜第十四》："去两头者，近蒂子，瓜曲而细；近头子，瓜短而喎。"此指瓜形歪斜。

挼 ruó

以两掌挤捏、揉搓。《六书故》："挼，按揉也。"韩愈《读东方朔杂事》："瞻相北斗柄，两手自相挼。"《齐民要术·种瓜第十四》："收瓜子法……挼而簸之，净而且速也。"又《饼法第八十二》："以手向盆旁挼使极薄。""挼"字今有方言又读为 ruá，揉皱或将磨破的样子。

掊 póu

用手扒土或用工具掘土。《说文》："掊，把也。"《一切经音义》引《通俗文》："手把曰掊。"《齐民要术·种瓜第十四》："然后掊坑，大如斗口。""掊坑"即刨坑、挖坑。又《作豉法第七十二》："掊谷蘱作窖底，厚二三尺许。""掊"即扒开而且铺平。《齐民要术·种红蓝花、栀子第五十二》："亦有锄掊而掩种者，子科大而易料理。"

迥 jiǒng

远；亦指久。《说文》："迥，远也。"《玉篇》："迥，遐也。"班彪《北征赋》："迥千里而无家。"《齐民要术·种瓜第十四》："治瓜笼法……复以土培其根，则迥无虫矣。"

弭 mǐ

1. 角弓，末端以骨角镶嵌的弓。《说文》："弭，弓无缘可以解辔纷者。"《尔雅》："弓有缘者谓之弭。"郭璞注："弭，今之角弓也。"或指弓梢的弯曲处。《广韵》："弭，弓末。"

2. 停止，消除。《玉篇》："弭，息也，止也，灭也。"《国语·周语上》："吾能弭谤矣。"韦昭注："弭，止也。"《齐民要术·种瓜第十四》："耕法：弭缚犁耳，起规逆耕。耳弭则禾茇头出而不没矣。""弭缚犁耳"指不缚上犁耳（犁壁），使耕起的土稍微翻动。

辇 niǎn

1. 人推的车。《说文》："辇，挽车也。"《六书故》："辇，车用人挽者也。"秦汉以后专指帝王后妃乘坐的车。

2. 运载，搬运。《篇海类编》："辇，般（同'搬'）运也，载驮也。"李商隐《井泥四十韵》："工人三五辈，辇出土与泥。"《齐民要术·种瓜第十四》："凡一顷地中，须开十字大巷，通两乘车，来去运辇。"

歧 qí

1. 岔路；分叉。《尔雅》："歧，二达谓之歧旁。"《后汉书·张堪传》："桑无附枝，麦穗两歧。"李贤注："一茎两穗，如歧路之二达。"《齐民要术·种瓜第十四》："蔓广则歧多，歧多则饶子。"又《养牛马驴骡第五十六》："牛，歧胡有寿。歧胡：牵两腋，亦分为三也。"

2. 不一致，不相同。今有"歧义""歧视"等词语。

藿 huò

1. 豆叶。《广雅》："豆角谓之荚，其叶谓之藿。"《齐民要术·种瓜第十四》中引"氾胜之区种瓜"："又可种小豆于瓜中，亩四五升，其藿可卖。"

2. 香草名，即藿香，多年生草本，茎叶芳香，可入药。《广韵》："藿，香草。"

莙 shà

1. 莙莆（fǔ），一种大叶植物，叶可做扇子。《说文》："莙，莙莆，瑞草也。尧时生于庖厨，扇暑而凉。"《白虎通·封禅》："莙莆者，树名也，其叶大于门扇，不摇自扇，于饮食清凉，助供养也。"

2. 又同"箑"。

①扇子。《方言》："扇，自关而东谓之箑，自关而西谓之扇。"

②熏腊肉。《齐民要术·种瓜第十四》中引："十二月腊时祀炙莙。"又《杂说第三十》："及腊日祀炙箑。""炙莙"同"炙箑"，指炙脯即烧腊，俗称熏腊肉。

蟣 hàn

1. 桑虫。《广韵》："蟣，桑虫。"《集韵》："蟣，桑叶上虫。"

2. 瓜虫。《玉篇》："蟣，瓜虫也。"《齐民要术·种瓜第十四》中引崔寔："三月三日可种瓜……树瓜田四角，去蟣。"原注："瓜虫谓之蟣。"（"蟣"自注音"胡滥反"。）

岠

字书无。"岠"和"莃（jí）"相似，可能形近而抄讹。《广雅》："冬瓜，莃也。"《齐民要术·种瓜第十四》中引《广志》："冬瓜，蔬岠。"

晦 huì

农历每月的最后一天。《说文》："晦，月尽也。"《齐民要术·种瓜第十四》中"种冬瓜法"："正月晦日种。二月、三月亦得。"

擘 bò

1. 大拇指。陆德明释文《尔雅》"首大如擘"："擘，大指也。手足大指俱名擘也。"今有"巨擘"一词，喻指某领域居于首位的人物。

2. 劈开；剖分。《玉篇》："擘，裂也。"《广雅》："擘，剖也。"《齐民要术·种瓜第十四》中"种茄子法"："茄子，九月熟时摘取，擘破，水淘子……"又《作鱼鲊第七十四》："食时手擘，刀切则腥。"

匏 páo

葫芦的一种，晒干后对半剖开可做水瓢。《说文》："匏，瓠也……取其可包藏物也。"《齐民要术·种瓠第十五》引《诗经·邶风》："匏有苦叶。"毛传："匏，谓之瓠。"陆玑疏："匏叶，少时可以为羹，又可淹煮，极美。"

瓠 hù

一年生草本植物，果实呈长条状的称为瓠瓜，短颈大腹者称葫芦，嫩时可食。《说文》："瓠，匏也。"王筠句读："今人以细长者为瓠。"《庄子·逍遥游》："魏王贻我大瓠之种。"《齐民要术·素食第八十七》中有"瓠羹"。

幡 fān

1. 窄长的旗子。《集韵》："幡，一曰帜也。"
2. 同"翻"，翻动。《诗经·小雅·瓠叶》："幡幡瓠叶。"《齐民要术·种瓠第十五》引作"瓠叶幡幡"。

亨 hēng

1. 通达；顺利。《广韵》："亨，通也。"
2. 同"烹"，《集韵》："烹，煮也。或作亨。"《诗经·小雅·瓠叶》："幡幡瓠叶，采之亨之。"《汉书·高帝纪》："（项）羽亨周苛。"

窈 yǎo

幽深，远。《说文》："窈，深远也。"《庄子·在宥》："至道之精，窈窈冥冥。"

挈 qiè

提起来。《说文》："挈，县（同'悬'）持也。"《广雅》："挈，提也。"引申为率领或提拔。今有"提纲挈领"一词。《齐民要术·种瓠第十五》引《广志》："有约腹瓠，其大数斗，其腹窈挈，缘带为口。""窈挈"此指瓠的腹部有一圈凹下，好像束着腰部，亦称束腰葫芦。

皮 pí

1. 剥。《广雅·释诂三》："皮，离也。"又《释言》："皮，剥也。"《战国策·韩策二》："（聂政）因自皮面抉（jué，挖）眼……"鲍彪注："去面之皮。"《齐民要术·种瓠第十五》引《释名》："皮瓠以为脯。"指剥去瓠皮晾干为脯（fǔ）。

2. 表面，表层。《篇海类编》："皮，肤肌表也。"

3. 薄而平呈片的东西，如铁皮，粉皮。

箠 chuí

1. 鞭子。《说文》："箠，击马也。"

2. 鞭笞的刑罚。《汉书·刑法志》："笞者，所以教之也，其定箠令。"此义今写作"棰"。

3. 竹的节。《集韵》："箠，竹节。"

殻 què

1. 从上面击打。《说文》："殻，从上击下也。"段玉裁注："从上击下，正中其物，确然有声。"《齐民要术·种瓠第十五》："以马箠殻其心，勿令蔓延，多实，实细。"

2. 坚硬的外皮，后写作"壳"。《玉篇》："殻，物皮空。"

3. 通"愨（què）"，谨慎。《广雅》："殻，善也。"

藁 gǎo

1. 同"稾""稿"，谷类的茎秆。今写作"稿"。《说文》："稿，秆也。"《广韵》："稿，禾秆。"《汉书·贡禹传》："已奉谷租，又出稿税。"颜师古注："稿，禾秆也。"《齐民要术·作豉法第七十二》："厚作藁篱以闭户。"

2. 诗文、图画类的底草。徐锴《说文新附》："稿，今人言稿草，谓书之不谨，若禾稿之乱然，又文章之未修治也。"

莒 jǔ

1. 芋，芋头。《说文》："齐谓芋为莒。"
2. 诸侯国名；地名。

蕻 gěng

芋的茎。《玉篇》："蕻，芋茎也。"《齐民要术·种芋第十六》引《广雅》："渠，芋；其茎谓之蕻。"王祯《农书》："（芋）茎之柔嫩者名为蕻，人采以为菜茹。"（"蕻"自注音"公杏反"。）

簬 lǔ

同"筥（jǔ）"，圆形的竹筐。《齐民要术·种芋第十六》："有君子芋，大如斗，魁如杵簬。"

毂 gǔ

1. 车轮中心穿轴承辐的部分。《说文》："毂，辐所凑（同'凑'）也。"《六书故》："轮之中为毂，空其中，轴所贯也，辐凑其外。"《老子》第十一章："三十辐共一毂。"
2. 借指车。《齐民要术·种芋第十六》中有"车毂芋"。

绀 gàn

深青色。《说文》："绀，帛深青扬赤色。"段玉裁注："绀，《释名》曰'绀，含也，青而含赤色也。'按此今之天青，亦谓之红青。"《正字通》："绀，深青赤色。"《玉篇》："绀，深青也。"《齐民要术·种芋第十六》中有"谈善芋"："叶如散（同'繖'，今简写作'伞'）盖，绀色……芋之最善者也。"又卷十《竹五一》引《湘中赋》："实中、绀族。"

羹 gēng

用肉或菜蔬等制成的有浓汁的食物。《诗经·商颂·烈祖》："亦有和羹。"

今多指煮或蒸成的浓汁状、糊状、冻状的食品。《齐民要术·羹臛法第七十六》中种类较多。

臛 huò

肉羹；也指做成肉羹。《广韵》："臛，羹臛。"《楚辞·招魂》："露鸡臛蠵（xī，龟类），厉而不爽些。"王逸注："有菜曰羹，无菜曰臛。"《齐民要术·种芋第十六》："茎可作羹臛，肥涩，得饮乃下。"又见《羹臛法第七十六》篇中详细记述。

菹 zū，jù

一、读 zū

1. 腌菜。《说文》："菹，酢菜也。"徐锴系传："以米粒和酢以渍菜也。"段玉裁注："酢，今之醋字，菹，须醯成味……则菹之称菜肉通。"

2. 肉酱。《礼记·少仪》："麋鹿为菹。"见《菹绿第七十九》中"肉菹"。

3. 古代酷刑之一，把人剁成肉酱。《庄子·盗跖》："身菹于卫东门之上。"《汉书·刑法志》："菹其骨肉于市。"

二、读 jù

水草丛生的沼泽地。《集韵》："葅（zū），泽生草曰葅，或作菹。"《孟子·滕文公下》："禹掘地而注之海，驱蛇龙而放之菹。"赵歧注："菹，泽生草也，今青州谓泽有草为菹。"

烝 zhēng

1. 冬祭。《尔雅》："冬祭曰烝。"郭璞注："进品物也。"《玉篇》："烝，冬祭也。"《礼记·王制》："天子诸侯宗庙之祭，春曰礿（yuè），夏曰禘（dì），秋曰尝，冬曰烝。"

2. 进献。《尔雅》："烝，进也。"董仲舒《春秋繁露·四祭》："烝者，以十月进初稻也。"

3. 火气或热气上升，后写作"蒸"。《说文》："烝，火气上行也。"《集韵》："烝，气之上达也。或作蒸。"

4. 众多。《尔雅》："烝，众也。"《诗经·大雅·烝民》："天生烝民，有物有则。"毛传："烝，众。"《齐民要术·种芋第十六》引《列仙传》："酒客为梁，使烝民益种芋。"

莔 kuī

1. 荭（hóng）草，又名水荭。《尔雅》："红，茏古，其大者莔。"
2. 葵，葵菜。《广雅》："莔，葵也。"王念孙疏证："莔、葵古同声，方言有重轻耳。"《齐民要术·种葵第十七》引作："莔，丘葵也。"

差 chā

1. 差错。《说文》："差，贰也，差（应为'左'）不相值也。"徐锴注："左于事，是不当值也。"
2. 通"瘥（chài）"，病愈。《方言》卷三："差，愈也。南楚病愈者谓之差。"《广韵》："差，病除也。"《齐民要术·种葵第十七》引《博物志》："人食落葵，为狗所啮，作疮则不差，或至死。"又《养牛马驴骡第五十六》："治牛病：用牛胆一个，灌牛口中，差。"

枿 niè

1. 树木砍伐后留下的桩子。《尔雅》："枿，余也。"郭璞注："陈郑之间曰枿，晋卫之间曰藦，皆伐木余也。"
2. 植物主干切断后生长的新枝条。张衡《东京赋》："山无槎枿。"李善注："斜斫曰槎，斩而复生曰枿。"《尚书·盘庚上》："若颠木之有由藦。"陆德明释文："藦，本又作枿，马云：颠木而肆生曰枿。"《齐民要术·种葵第十七》："附地剪却春葵，令根上枿生者，柔软至好。"

簇 cù

1. 丛生小竹。《玉篇》："簇，小竹也。"《正字通》："簇，小竹丛生也。"引申为聚集。王安石《桂枝香》词："千里澄江似练，翠峰如簇。"
2. 人工编扎的供蚕做茧的设备，亦称"蚕山"。王祯《农书》卷六："候十蚕九老，方可入簇。"《齐民要术·种葵第十七》："留之，亦中为榜簇。"又《种桑柘第四十五》"养蚕法"："收取种茧，必取居簇中者。"

纠 jiū

1. 同"纠"，拧结、绞合的绳索。《说文》："纠，绳三合也。"王筠句读："《字林》：'纠，两合绳。'"《集韵》："纠……或作纠。"《字汇》："纠同纠。"

2. 又指绞合，缠绕。《齐民要术·种葵第十七》："割讫，即地中寻手纠之。"指收割时随手将菜缠成小捆儿。

辘 lù 轳 lu

利用轮轴原理制成的起重装置，通常安在井上汲水。《正字通》："辘，辘轳，井上汲水轴也。"

桔 jié 槔 gāo

古时简易的汲水工具，在井旁或架子上按一杠杆，一端系水桶，一端坠上石头，以起落汲水。徐锴《说文新附》："槔，桔槔，汲水器也。"《庄子·天地》："凿木为机，后重前轻，挈水若抽，数如泆（yì，溢）汤，其名为槔。"《淮南子·氾论》："桔皋而汲。"《齐民要术·种葵第十七》："井深用辘轳，井浅用桔槔。"

拌 pàn，bàn

1. pàn，剖分；舍弃。《广雅》："拌，弃也。"《齐民要术·种葵第十七》："其剪处，寻以手拌斫斸地令起，水浇，粪覆之。""手拌斫"即一种单手用的小铲子。

2. bàn，搅和；搅拌。

菘 sōng

通常称为白菜。《玉篇》："菘，菜名。"《埤雅》："菘性隆冬不凋，四时长见，有松之操，故名菘，其字会意。"《本草纲目》："今俗谓之白菜，其色青白也……南方之菘，畦内过冬，北方者多入窖内，燕京圃人又以马粪入窖，壅培不见风日，长出苗叶，皆嫩黄色，脆美无滓，谓之黄芽菜。"

蓨 xū

蓨（sūn）芜（wú），又称为酸模。多年生草本，嫩可食用，全草入药。《玉篇》："蓨，蓨芜，似羊蹄。"《尔雅》："须，蓨芜。"郭璞注："似羊蹄，叶细，味酢，可食。"《齐民要术·蔓菁第十八》引《尔雅》作"蓨，葑（fēng）苁（zǒng）"，并注"江东呼为芜菁……蓨则芜菁"。芜菁又称蔓菁。

荸 fēng

同"葑"，芜菁的别名。《玉篇》："荸，芜菁苗也。"

釀 niàng

腌制菹菜。《广韵》："釀，釀菜为菹也。"《齐民要术·蔓菁第十八》："拟作干菜及釀菹者，割讫则寻手择治而辫之。"又《作菹藏生菜法第八十八》："釀菹法……菹不切曰釀菹"。制作时加麦鯇（huàn）和粥清腌釀，并泥瓮、保温，因"如釀酒法"而称为"釀菹"。（"釀"自注音"人丈反"。）

辫 biàn

1. 交织；编结。《说文》："辫，交也。"《增韵》："辫，结也。"《齐民要术·蔓菁第十八》："萎而后辫则烂。"
2. 把头发分股交叉编成的条条儿。今有"辫子"一词。

苫 shàn，shān

一、shàn，编茅盖屋。《玉篇》："苫，以草覆屋。"泛指用席、布等遮盖。《齐民要术·蔓菁第十八》："燥则上在厨积置以苫之。"
二、shān，草垫子；用草编成的覆盖物。《仪礼·丧服》："寝苫枕块。"《齐民要术·蔓菁第十八》："久不积苫则涩也。"

乞 qǐ，qì

一、读 qǐ
1. 乞讨。《广韵》："乞，求也。"

2. 取。《集韵》：“乞，取也。”

二、读 qì

给予。《集韵》：“乞，与也。”《正字通》：“乞，凡与人物曰乞。”《汉书·朱买臣传》：“买臣乞其夫钱。”《齐民要术·蔓菁第十八》：“全掷乞猪，并得充肥，亚于大豆耳。”又《作酱等法第七十》：“乞人酱时，以新汲水一盏，和而与之，令酱不坏。”

甑 zèng

1. 古时蒸食饮器，底部有透蒸汽的小孔，置于鬲、釜之上，如现代的蒸笼。《齐民要术·蔓菁第十八》“蒸干芜菁根法”：“合着釜上，系甑带，以干牛粪燃火，竟夜蒸之。”

2. 蒸馏或使物体分解的器皿。

蔹 fú

萝卜。《说文》：“蔹，芦蔹，似芜菁，实如小尗（shū，‘菽’的古字）者。”（“蔹”自注音“蒲北反”。）

噉 dàn

同“啖”，吃，嚼食。《颜氏家训·风操》：“母以烧死，终身不忍噉炙。”《齐民要术·蔓菁第十八》引农谚：“生噉芜菁无人情。”

荤 hūn

1. 葱蒜等有气味的蔬菜。《说文》：“荤，臭（xiù，气味）菜也。”

2. 肉食。

3. 粗俗的低级的话。

轧 yà，zhá

一、读 yà

1. 用车轮或圆轴压路。《集韵》：“轧，车辗。”

2. 倾轧。《篇海类编》："轧，势相倾也。"《庄子·人间世》："名也者，相轧也。"《齐民要术·种蒜第十九》："条拳而轧之。不轧则独科。"此指蒜薹（tái）呈弯曲时人们可采收，不采收就长为独头蒜。

二、读 zhá

把钢坯压成一定形状的钢材，今有"轧钢"一词。又方言读 gá，结交。

桁 héng，háng

一、héng，屋梁上或门窗框上的承重横木。《玉篇》："桁，屋桁，屋横木也。"又指悬挂在横木上。《齐民要术·种蒜第十九》："叶黄，锋出，则辫，于屋下风凉之处桁之。"

二、háng，加在犯人颈上或脚上的大型的刑具。《集韵》："木在足曰械，大械曰桁。"《隋书·刑法志》："流罪已上加杻械，死罪者桁之。"

皴 cūn

1. 皮肤皴裂；皱缩。徐锴《说文新附》："皴，皮细起也。"《齐民要术·种蒜第十九》："晚则皮皴而喜碎。"蒜皮碎裂剥落，蒜瓣容易分离。又《种红蓝花、栀子第五十二》："令手软滑冬不皴。"引申指物体表面不光滑。

2. 国画画山石的一种技法。今有"皴法"一词。

3. 今又方言皮肤上积存的泥垢或脱落的表皮。

稆 nè

谷物脱粒后的茎秆秽壳。《集韵》："稆，稻谷穰也。"《齐民要术·种蒜第十九》："冬寒，取谷稆布地，一行蒜，一行稆。"（"稆"自注音"奴勒反"。）

陉 xíng

1. 山脉中断的地方，山口。《尔雅》："山绝，陉。"郭璞注："连中断绝。"邢昺疏："谓山形连延，中忽断绝者名陉。"

2. 斜坡。《广雅》："陉，阪也。"

3. 地名，井陉，在河北省。《齐民要术·种蒜第十九》："并州豌豆，度井陉以东……苗而无实。"

荸 fú

1. 荸草，多生于水边，俗称湖草。《说文》："荸，草也。"

2. 植物茎秆里的白膜或果实的外皮。《齐民要术·种薤第二十》："燥曝，挼去荸余，切却强根。""荸余"指茎外的枯皮。又《插梨第三十七》："梨叶微动为上时，将欲开荸为下时。""荸"指叶芽或花芽的苞片。

3. 同"莩"（piǎo），饿死；饿死的人。《广韵》："荸，莩同。"《孟子·梁惠王上》："途有饿荸而不知发。"

荿 gé

荿葱，野葱，多年生草本。《说文》："荿，草也。"《尔雅》："荿，山葱。"郭璞注："荿葱，细茎大叶。"郝懿行义疏："葱之生于山者名荿。"《本草纲目》："荿葱，野葱也……开白花，结子如小葱头。"

荮 chóu

1. 草名。枚乘《七发》："淑漻荮蓼，蔓草芳苓。"李善注："水清净之处，生荮、蓼二草也。字书曰：'荮，藸草也。'"

2. 葱名。

藸 chú

葱名。

蓊 wěng

1. 草木茂盛。《玉篇》："蓊，木茂也。"《广韵》："蓊，蓊郁，草木盛貌。"

2. 蒜、韭菜、油菜等蔬菜及草生的花茎。《广雅》："蓊，薹（tái）也。"王念孙疏证："今世通谓草心抽茎作华者为薹矣……亦谓之蓊。"《齐民要术·种葱第二十一》引《广雅》："藿、荮、藸，葱也；其蓊谓之薹。"

批 biè 契 xiè

用绳系在腰间牵引以覆种的农具。《齐民要术·种葱第二十一》："窍瓠下子，以批契继腰曳之。"又《种苜蓿第二十九》："窍瓠下子，批契曳之。"（"批"自注音"薄结反"；"契"自注音"苏结反"。）

铛 chēng，dāng

1. chēng，一种小型平底浅锅，有三足，可温热、烙饼、炒菜等。《集韵》："铛，釜属。"《齐民要术·种韭第二十二》："以铜铛盛水，于火上微煮韭子。"又《养羊第五十七》："于铛中炒少许时，即出于盘上，日曝。"

2. dāng，锒铛，系囚犯的铁链子。《说文》："铛，锒铛也。"汉代后以铁为连环不绝之形系押犯人。

菹 zū

1. 草席。《说文》："菹，茅藉也。"
2. 蕺（jí）菜，俗称鱼腥草。《广雅》："菹，蕺也。"
3. 多草的泽地。《集韵》："菹，泽生草曰菹。"

挰 zhā

取。《说文》："挰，挹（yì）也。"《方言》："挰，取也。南楚之间，凡取物沟泥中谓之挰。"《齐民要术·种蜀芥、芸薹、芥子第二十三》引《吴氏本草》："芥菹，一名水苏，一名劳挰。"

掬 jū

1. 撮取。《玉篇》："掬，撮也。"
2. 捧。《礼记·曲礼上》："受珠玉者以掬。"郑玄注："掬，手中。"陆德明释文："两手曰掬。"《正字通》："掬，今俗谓两手所奉为一掬。"《齐民要术·种胡荽第二十四》："布子于坚地，一升子与一掬湿土和之。"

蹉 cuō

1. 踩踏；搓揉。《齐民要术·种胡荽第二十四》："以脚蹉，令破作两段。"
2. 蹉跎。《广雅》："蹉跎，失足也。"指跌倒。徐锴《说文新附》："蹉跎，失时也。"指虚度光阴。《齐民要术·种胡荽第二十四》："春雨难期，必须藉泽，蹉跎失机，则不得矣。"

砻 lóng

1. 磨，磨砺。《说文》："砻，磨也。"《广雅》："砻，砺也。"
2. 磨稻谷去壳的用具；用砻磨谷去壳。《齐民要术·种胡荽第二十四》："以木砻砻之亦得。"

箔 bó

1. 帘子，用竹苇等做的遮蔽器件。《玉篇》："箔，簾（今简化写作'帘'）也。"《齐民要术·种胡荽第二十四》："昼用箔盖，夜则去之。"
2. 养蚕用的竹席之类。《齐民要术·种桑柘第四十五》："一亩食三箔蚕。"
3. 金属薄片或涂过金属粉的纸。

渫 xiè，zhá

一、读 xiè
1. 淘去污泥。《说文》："渫，除去也。"段玉裁注："……去秽浊，清洁之义也。"
2. 同"泄"，排出，疏通。《庄子·秋水》："尾闾渫之而不虚。"
二、读 zhá
把食物放在沸水中涮熟，也作"煠（zhá）"。《齐民要术·种胡荽第二十四》："作胡荽菹法，汤中渫出之……作裹菹者，亦须渫去苦汁……"

莞 huàn

用整粒小麦作的酒曲，又称"莞子"。 《玉篇》："莞，麦麹（简写作

'曲') 也。"《集韵》:"麲,女麹也,小麦为之,一名麲子,一名黄子。"《齐民要术·种胡荽第二十四》:"作胡荽菹法……作粥清、麦麲末。"又《作菹藏生菜法第八十八》:"捣麦麲作末……以麲末薄岑(应为'坌')之。"

葇 róu

1. 香葇,也作"香薷"。《玉篇》:"葇,香葇菜,苏类也。"《集韵》:"葇,香葇,菜名,或作薷。"

2. 醸葇。《广韵》:"葇,醸葇,菜不切。"

齑 jī

1. 细切或捣碎后用酱醋拌和的菜或肉,也泛指酱菜。见《八和齑第七十三》中"齑"有多种。

2. 细碎。("齑"自注音"初稽反"。)

蓂 míng

蓂莢,传说中的瑞草。从其莢数可知每月日期,也称历莢。又见"菥(xī)蓂(mì)"解析。

茈 zǐ,chái

一、读 zǐ

1. 茈草,即紫草,多年生草本,可作紫色染料,亦入药。《齐民要术·种紫草第五十四》引《尔雅》:"藐,茈草也。"又引《广志》:"陇西紫草,染紫之上者。"

2. 姜。《集韵》:"茈,姜类。"《齐民要术·种姜第二十七》引《字林》:"茈,生姜也。"

二、读 chái

茈胡,即柴胡,多年生草本,根可入药。《广韵》:"茈,茈胡,药。"《本草纲目》:"茈胡生山中,嫩则可茹……而根名柴胡也。"

妊 rèn 娠 shēn

怀孕。《说文》:"妊,孕也。"《广韵》:"妊,身怀孕。"《说文》:"娠,女妊身动也。"段玉裁注："妊而身动曰娠。"《齐民要术·种姜第二十七》引《博物志》："妊娠不可食姜，令子盈指。"

堇 jǐn

堇菜，多年生草本，旱芹或紫花地丁。《说文》："堇，草也，根如荠，叶如细柳，蒸食之，甘。"今写作"堇"。

葸 xǐ

1. 害怕，畏缩。《玉篇》："葸，畏惧也。"
2. "枲"的借字。胡葸、葸耳、胡枲，即苍耳。《齐民要术·杂说第三十》："七月……采葸耳。"
3. 可能"葱"的旧字（蔥）残误。《齐民要术·种蘘荷芹蘧第二十八》："堇及胡葸，子熟时收子，冬初畦种之。开春早得，美于野生。惟概为良，尤宜熟粪。"

菖 fú

旋花，多年生草本，蔓生，对农作物有害；根状茎可食，俗称面根藤儿。《尔雅》："菖，葍（qióng）茅也。"郭璞注："菖，大叶白华，根如指，正白，可啖。"又"菖，华有赤者为葍；葍、菖一种耳。"《管子·地员》："山之侧，其草菖与蒌。"《诗经·小雅·我行其野》："言采其菖。"毛传："菖，恶菜也（按：红花者茎赤有臭气)。"《齐民要术·种蘘荷芹蘧第二十八》引《说文》："蘘荷，一名菖蒩。"又见卷十《菖六五》所记。

蕲 qín

同"芹"，芹菜。《尔雅》："芹，楚葵。"《集韵》："芹，《说文》：'楚芹也。'今水中芹菜。亦作蕲。"

蘧 qú

又称"荁"，即苦菜、苦荬菜，多年生草本，叶茎含白汁，可食用、药用。《说文》："蘧，菜也，似苏者。"《本草纲目》："苦菜即苦荬，家栽者呼为苦苣，实一物也。"《齐民要术·种蘘荷芹蔍第二十八》引《诗义疏》:"蔍,苦菜,青州谓之苣。"又《作菹藏生菜法第八十八》中有"蔍菹法"。

蒯 kuǎi

蒯草,莎草之类,多丛生水边,茎坚韧可制索编席等。《左传·成公九年》:"虽有丝麻,无弃菅蒯。"《史记·孟尝君列传》:"冯先生甚贫,犹有一剑耳,又蒯缑(gōu,缠在刀剑柄上的绳)。"裴骃集解:"蒯,茅之类,可为绳。言其剑把无物可装,以小绳缠之也。"《齐民要术·种蘘荷芹蔍第二十八》引"蔍,菜,似蒯",所指不一。又《飧饭第八十六》引《食次》有"蒯米饭":"蒯者,背洗米令净也。""蒯"是动词,应是方言之借字表音,难明其义。("蒯"自注音"苦怪反"。)

蛊 gǔ

1. 毒虫;蛀虫。《说文》:"蛊,腹中虫也。"《玉篇》:"蛊,谷久积变为飞虫也。"《左传·昭公元年》:"皿虫为蛊,谷之飞亦为蛊。"《周礼·秋官·庶氏》:"庶氏掌除毒蛊。"郑玄注:"毒蛊,虫物而病害人者。"《齐民要术·杂说第三十》:"暖气始盛,蛊蠹(dù)并兴。"

2. 害人的妖邪术。《汉书·江充传》:"江充造蛊,太子杀。"《齐民要术·种蘘荷芹蔍第二十八》引《葛洪方》:"人得蛊……立呼蛊主名也。"

3. 迷惑受害。《尔雅》:"蛊,疑也。"《玉篇》:"蛊,或(惑)也。"今有"蛊惑"一词。

潘 pān

旧指淘米水。《说文》:"潘,淅米汁也。"《广雅》:"潘,澜也。"《集韵》:"潘,米澜也。"《左传·哀公十四年》:"使疾,而遗(wèi,送给)之潘沐,备酒肉焉。"杜预注:"潘,米汁,可以沐头。""潘"今仅作姓氏用字。

泔 gān

1. 淘米、洗刷锅碗等用过的水。《说文》:"泔,周谓潘曰泔。"朱骏声通训定声:"淅米汁也,亦曰澜,今苏俗尚呼泔脚水。"《广雅》:"泔,澜也。"慧琳

《一切经音义》："江北名泔，江南名潘。"《齐民要术·种襄荷芹蘆第二十八》："芹、蘆……尤忌潘泔及咸水，浇之则死。"

2. 烹调，拌和。《荀子·大略》："曾子食鱼，有余，曰泔之。门人曰：'泔之伤人，不如奥（yù）之。'"

罽 jì

1. 鱼网。《说文》："罽，鱼网也。"

2. 毡类毛织品。《汉书·东方朔传》："狗马被缋（huì，画布）罽。"颜师古注："罽，织毛也，即氍（qú）毹（shū）之属。"《齐民要术·种苜蓿第二十九》引《汉书·西域传》："罽宾有苜蓿。""罽宾"是古西域国名。

觞 shāng

1. 盛满酒的酒杯，也泛指酒器。《玉篇》："觞，饮器也。"今有"滥觞"一词，本义水少只能浮起酒杯，泛指事物的起源。

2. 向人敬酒或自饮。《庄子·至乐》："鲁侯御而觞之于庙。"《齐民要术·杂说第三十》："称觞举寿，欣欣如也。"

潢 huáng

1. 水池，水坑。《说文》："潢，积水池。"

2. 染纸。《玉篇》："潢，染潢也。"《广韵》："潢，《释名》曰：'染书也。'"《齐民要术·杂说第三十》有"染潢及治书法"。引申为装饰。

闇 àn

1. 闭门。《说文》："闇，闭门也。"

2. 通"暗"。《玉篇》："闇，与暗同。"

3. 通"黯"，深黑色。《齐民要术·杂说第三十》："深则年久色闇也。"

蘗 bò

同"檗"，黄蘗即黄柏，落叶乔木。树皮味苦，含黄色素，可作染料。《说文》："檗，黄木也。"段玉裁注："俗加草作蘗。"《类说·雌黄》："古人写书皆用黄纸，以檗染之，所以辟虫，故曰黄卷。"

鬲 lì，gé，è

1. lì，古代炊具，圆口，三足。《说文》："鬲，鼎属……三足。"

2. gé，同"隔"或"膈"。

3. è，握住，扼住。《仪礼·士丧礼》："苴绖（dié）大鬲。"郑玄注："鬲，搤也。"即"扼"，掐住，扼制住。《齐民要术·杂说第三十》："卷书勿用鬲带而引之。"

刕 lí

割开，用刀斧等利器切割或剖分。《齐民要术·杂说第三十》："书有毁裂，刕方纸而补者……"又《黄衣黄蒸及蘗第六十八》："成饼，然后以刀刕取，干之。"

蠹 dù

1. 蛀虫。《说文》："蠹，木中虫。"段玉裁注："在木中食木者也，今俗谓之蛀。"《玉篇》："蠹，白鱼。"《荀子·劝学》："肉腐出虫，鱼枯生蠹。"

2. 蛀蚀。《庄子·人间世》："以为柱则蠹，是不材之木也。"《齐民要术·伐木第五十五》："以上旬伐之，虽春夏不蠹。"

暍 yè

1. 中暑。《说文》："暍，伤暑也。"《汉书·武帝纪》："（元封四年）夏，大旱，民多暍死。"颜师古注："暍死，中热而死。"

2. 热。《集韵》："暍，热也。"

3. 变色。《齐民要术·杂说第三十》："日曝书，令书色暍。"此指书因晒热而变暗色。又《养羊第五十七》："干、漉二酪，久停皆有暍气。""暍气"指食物变质，又或为"馤（ài）"的借用。《说文》："馤，饭伤湿也。"

浣 huàn

1. 古人十天一休沐，因称十日为一浣。
2. 洗，漂洗。《史记·万石君传》："身自浣涤。"《齐民要术·杂说第三十》："制新浣故。"即制作新衣服，洗洗旧衣服。

袷 jiā

1. 夹衣。《说文》："袷，衣无絮。"《史记·匈奴列传》："服绣袷绮衣。"司马贞索隐："衣无絮也。"《齐民要术·杂说第三十》："作袷薄，以备始凉。"此义今写作"夹"。
2. 衣服的缝隙。《集韵》："袷，衣缝。"

漱 shù

1. 含水洗口腔。《说文》："漱，荡口也。"
2. 冲刷，洗除。《齐民要术·杂说第三十》有"漱生衣绢法"。又《种枣第三十三》引《食经》"作干枣法"："以酒一升，漱着器中，密泥之。"此用少量酒喷洒枣子后泥封。（"漱"自注音"素钩反"。）

𨊭 fàn

车篷；车弓篷。《释名》："𨊭，藩也，蔽水雨也。"《集韵》："𨊭，车上篷。"《齐民要术·杂说第三十》："上牍车篷𨊭。""𨊭"，又音 bèn。

袟 zhì

1. 剑衣。《集韵》："袟，剑衣。"
2. 同"帙"，护书的外套。《说文》："帙，书衣也。"书一函又称一袟。《齐民要术·杂说第三十》中有"书袟令不生虫法"。

挹 yì

舀取。《说文》："挹，抒也。"《广韵》："挹，酌也。"《诗经·小雅·大东》："维北有斗，不可以挹酒浆。"《齐民要术·杂说第三十》："挹取汁。"

罄 qìng

空；尽。《说文》："罄，器中空也。"《尔雅》："罄，尽也。"《诗经·小雅·蓼莪》："瓶之罄矣。"《齐民要术·杂说第三十》："罄家继富。"

葺 qì

1. 用茅草盖屋。《说文》："葺，茨也。"徐灏注笺："以茅茨盖屋谓之葺。"
2. 修整；治理。《齐民要术·杂说第三十》："葺治墙屋。"

杼 zhù

1. 织布的梭子。《说文》："杼，机之持纬者。"《木兰诗》："不闻机杼声，唯闻女叹息。"《齐民要术·杂说第三十》引《四民月令》："四月……具机杼，敬经络。"
2. 木名，栎树。《广雅》："杼，橡也。"《庄子·山木》："衣裘褐，食杼栗。"《齐民要术·种栗第三十八》"榛"引陆玑疏："榛……其子形似杼子。"

糒 bèi

干粮，干饭。多用于旅行或行军所备食物。《说文》："糒，干饭也。"《汉书·李广传》："大将军使长史持糒醪遗（wèi）广。"《资治通鉴·唐纪》："命士少休，食干糒。"《齐民要术·杂说第三十》："可作枣糒，以御宾客。"

慝 tè

1. 邪恶。《广雅》："慝，恶也。"
2. 灾害，祸患。《国语·晋语八》："蛊之慝，谷之飞实生之。"《齐民要术·杂说第三十》："阴慝将萌。"

旃 zhān

1. 古代赤色、曲柄的旗子。《说文》："旃，旗曲柄也。《周礼》曰：通帛为毪。"段玉裁注："通帛谓大赤，从周正色，无饰。"

2. 通"毡"，毛织物。《齐民要术·货殖第六十二》引《汉书》："毪席千具。"即千条毯子。

毳 cuì

1. 鸟兽的细毛、绒毛。《说文》："毳，兽细毛也。"《正字通》："毳，鸟腹毛曰毳。"

2. 鸟兽毛经过加工制成的毛织品。《诗经·王风·大车》："毳衣如菼(tǎn)。"高亨注："毳衣，细毛织的上衣。"《齐民要术·杂说第三十》："五月……以灰藏毪、裘、毛毳之物及箭羽。"

酦 nóng

浓烈的酒。《说文》："酦，厚酒也。"又指厚、浓厚。《广雅》："酦，厚也。"

麸 fū 䴗 xiè

米、麦碾压成的麦糠、碎屑等。"麸"同"麩"。《玉篇》："麸，俗'麩'字。"《集韵》："麩，《说文》：'小麦屑皮也。'或从孚。""䴗"同"䴗"。《玉篇》："䴗，麦屑也。"《集韵》："糏，春余也，或从麦。"《齐民要术·杂说第三十》："籴麸䴗。"

缣 juàn

1. 白色细绢。《说文》："缣，鲜支也。"《集韵》："缣，双缣，致缯也，纺热丝为之。"《齐民要术·杂说第三十》："六月。命女工织缣缣。"

2. 缣，捆扎。《广雅》："缣，束也。"《齐民要术·杂说第三十》："八月……缣徽弦，遂以习射。"又《园篱第三十一》："随宜夹缣，务使舒缓。"又《粽糰法第八十三》："以绳缣。"

3. 同"卷"。谢肇淛（zhè）《五杂组》："佛书以一章为一则，又谓一缣……亦'卷'字通用耳。"

縠 hú

绉（zhòu）纱一类的丝织品。《说文》："縠，细缚也。"《齐民要术·杂说第三十》："六月……绢及纱縠之属。"

糗 qiǔ

1. 炒熟的米麦。《说文》："糗，熬米麦也。"泛指干粮。《孟子·尽心下》："舜之饭糗茹草也。"《齐民要术·杂说第三十》："七月……作干糗。"又《飧饭第八十六》中有"作粳米糗糒"。
2. 饭久而成块或糊状。
3. 指不光彩之事。今有"糗事""出糗"等词语。

碓 duì

舂米用具，以木杠一端缚石支起，脚踏杠另一端，令石起落以捣米。《说文》："碓，舂也。"《广韵》："碓，杵臼。"《齐民要术·杂说第三十》"河东染御黄法"："碓捣地黄根令熟，灰汁和之。"

抒 shū

1. 舀出水；汲水。《说文》："抒，挹也。"段玉裁注："凡挹彼注兹曰抒。"《齐民要术·杂说第三十》："抒出，着盆中。"又《醴酪第八十五》："抒粥着盆子中，仰头勿盖。"
2. 表达；发泄。今有"直抒胸臆""各抒己见"等成语。
3. 解除。《左传·文公六年》："有此四德者，难必抒矣。"

绎 yì

1. 抽丝。《说文》："绎，抽丝也。"
2. 理出头绪。《齐民要术·杂说第三十》："寻绎舒张。"
3. 连续不断。今有"络绎不绝"词语。

捵 zhǎn

轻擦或按压以去湿。《集韵》：“捵，拭也。”《齐民要术·杂说第三十》：“净捵去滓。”将渣滓轻擦干净。

搦 nuò

按压，握。《说文》：“搦，按也。”《广韵》：“搦，持也。”《齐民要术·杂说第三十》：“搦取汁，别器盛。”（“搦”自注音“汝角切”。）

渝 yú

改变；变更。《说文》：“渝，变污也。”《尔雅》：“渝，变也。”《齐民要术·杂说第三十》：“治釜不渝法。”让铁锅不变黑的方法，《醴酪第八十五》篇中所述较详。

萑 zhuī，huán

一、读 zhuī
1. 草多。《说文》：“萑，草多貌。”
2. 益母草，叶似萑，方茎白花，又名茺蔚。
二、读 huán
长大的芦苇。《诗经·豳风·七月》：“七月流火，八月萑苇。”《齐民要术·杂说第三十》：“刈萑、苇、刍茭。”

檠 qíng

1. 古代校正弓弩的器具。《广韵》：“檠，所以正弓。”《齐民要术·杂说第三十》：“凉燥，可上角弓弩，缮理，檠正。”
2. 灯架；灯。苏轼《侄安节远来夜坐》诗：“梦断酒醒山雨绝，笑看饥鼠上灯檠。”

窭 jù

1. 无财备礼物。《尔雅》："窭，贫也。"郭璞注："谓贫陋。"《诗经·邶风·北门》："终窭且贫，莫知我艰。"毛传："窭者，无礼也；贫者，困于财。"泛指贫穷。

2. 浅薄，鄙陋。

饧 xíng

糖稀；糖块、面剂子等变软。《说文》："饧，饴和馓者也。"段玉裁注："不和馓谓之饴，和馓谓之饧。"《集韵》："饧，饴也。"《本草纲目》："胶饴干枯者曰饧。"《齐民要术·养牛马驴骡第五十六》："治马中谷方：取饧如鸡子大，打碎，和草饲马，甚佳也。"

《饧铺第八十九》篇中"饧"的制作方法记述详细。（"饧"，古音又读 táng。）

饴 yí

用米和麦芽制成的软糖。《说文》："饴，米糵（今写作'蘖'）煎也。"段玉裁注："以芽米熬之为饴。今俗用大麦。"《六书故》："饴，米蘖煎秫为目饴也。"《释名》："饴小弱于饧，形怡怡然也。"《本草纲目》："饴，即软糖也。糯米、粳米、秫粟米、蜀秫米……并堪熬造，惟以糯米作者入药，粟米者次之。"《齐民要术·杂说第三十》："先冰冻，作凉饧，煮暴饴。"《饧铺第八十九》篇中"饴"的制法记述较详。

浃 jiā

1. 浸渍，浸透。《尔雅》："浃，彻也。"《淮南子·原道训》："不侵于肌肤，不浃于骨髓。"高诱注："浃，通也。"今有"汗流浃背"一成语。

2. 遍，遍及。徐锴《说文新附》："浃，洽也。"《楚辞·大招》："冥凌浃行，魂无逃只。"王逸注："浃，遍也。"《齐民要术·杂说第三十》："休农息役，惠下必浃。"

簴 jù

古代挂编钟、钟磬的架子上的立柱。《周礼·春官》："设筍簴，陈庸器。"《周礼·考工记》："梓人为筍虡。"《齐民要术·杂说第三十》："箎，一作簴。"今简化写作"虡"。

磔 zhé

1. 车裂，古代分裂肢体的酷刑。《说文》："磔，辜也。"段玉裁注："辜，罪也……按凡言磔者，开也，张也……"《字汇》："磔，裂也。"
2. 张开。《广雅》："磔，张也。"

殍 piǎo

饿死。《玉篇》："殍，饿死也。"也指饿死的人。

臻 zhēn

1. 至，达到。《说文》："臻，至也。"《玉篇》："臻，及也。"《齐民要术·杂说第三十》："饥馑荐臻。"
2. 周到，周全。

珥 ěr

1. 古代的珠玉耳饰，也叫瑱（zhèn）。《说文》："珥，瑱也。"《玉篇》："珥，珠在耳。"后又指耳环类饰物。《广韵》："珥，耳饰。"
2. 日或月两旁的光晕。《释名》："珥，气在日两旁之名也。珥，耳也，言似人耳之在两旁也。"《隋书·天文志下》："月晕有两珥，白虹贯之。"《齐民要术·杂说第三十》："日月珥，天下喜。"

葶 tíng 苈 lì

一年生草本植物，又名狗芥，种子称为葶苈子，可药用。

剶 chuān

修剪枝条。《广雅》："剶，剔也。"《玉篇》："剶，去枝也。"《齐民要术·园篱第三十一》："至明年春剶去横枝，剶必留距。"又《栽树第三十二》引《四民月令》："二月可剶树枝。"（"剶"自注音"敕传切"。）

蹙 cù

1. 紧迫，急促。《广雅》："蹙，急也。"徐锴《说文新附》："蹙，迫也。"
2. 皱缩。《孟子·梁惠王下》："举疾首蹙额而相告。"
3. 同"蹴（cù）"，踩踏。《广韵》："蹙，亦书作'蹴'。"《齐民要术·种桑柘第四十五》引《搜神记》："女至皮所，以足蹙之。"

嶔 qīn

山势高峻，高险。《集韵》："嶔，山高险也。"柳宗元《钴姆潭西小丘记》："其嶔然相累而下者，若牛马之饮于溪。"

茀 fú

1. 草多。《说文》："茀，道多草不可行。"《国语·周语中》："道茀不可行也。"韦昭注："草秽塞路为茀。"
2. 除草。《诗经·大雅·生民》："茀厥丰草，种之黄茂。"毛传："茀，治也。"
3. 曲折。《史记·司马相如列传》："其山则盘纡岪郁。"《齐民要术·园篱第三十一》："其盘纡茀郁，奇文互起。"岪、茀义同，曲折盘旋。

髡 kūn

1. 剃头发。《说文》："髡，剃发也。"古代男子皆留长发，剃去头发也是一种较轻的刑罚。《集韵》："髡，去发刑。"《周礼·秋官·掌戮》："髡者使守积。"
2. 剪去树枝。《齐民要术·栽树第三十二》："大树髡之……小则不髡。"又

《种槐柳楸梓梧柞第五十》："髡一树，得一载，岁髡二百树，五年一周。"

觝 dǐ

用角顶，触。《玉篇》："觝，触也。"又指排斥，抵触。今简化写作"抵"。

煴 yūn

1. 烟气聚。《说文》："煴，郁烟也。"《玉篇》："煴，烟煴也。"《齐民要术·栽树第三十二》："放火作煴，少得烟气，则免于霜矣。"

2. 暖和，温暖。《玉篇》："煴，暖也。"《齐民要术·作菹藏生菜法第八十八》"菘根萝卜菹法"："煴菘、葱、芜菁根悉可用。""煴菘"同"温菘"，即萝卜。《名医别录》陶弘景注："芦菔是今温菘，其根可食……芜菁根乃细于温菘。"《方言》卷三："芜菁……其紫花者谓之芦菔。"郭璞注："今江东名为温菘。"

栜 jī

1. 白枣。《尔雅》："栜，白枣。"郝懿行义疏："凡枣熟时赤，此独白熟为异。"

2. 木名。《说文》："栜，木也，可以为大车轴。"

樲 èr

木名，酸枣。《说文》："樲，酸枣也。"《尔雅》："樲，酸枣。"郭璞注："树小实酢。"《孟子·告子上》："养其樲棘。"赵岐注："樲棘，小棘，所谓酸枣也。"

棯 rěn

枣树的一种。《尔雅》："还味，棯枣。"邢昺疏："还味者，短味也。名棯枣。"

赍 jī

1. 送给；交给。《广雅》："赍，送也。"《广韵》："赍，付也。"

91

2. 怀着；抱着。《齐民要术·种枣第三十三》："乐毅破齐时，从燕赍来所种也。"

幪 méng，měng

1. méng，覆盖之物，引申为覆盖。《集韵》："《说文》：'盖衣也。'或作幪。"
2. měng，幪幪，茂盛的样子。《广雅》："幪幪，茂也。"《齐民要术·种枣第三十三》中有枣名"幪弄枣"。

撼 hàn

摇动。《广雅》："撼，动也。"《齐民要术·种枣第三十三》："日日撼而落之为上。"（"撼"自注音"胡感切"。）

朳 bā

一种用以摊拢的无齿农具。《玉篇》："朳，无齿杷也。"王祯《农书》卷十四："朳，无齿把也。所以平土壤、聚谷实。"《农政全书》："以木朳打转，澄清去水。"《齐民要术·种枣第三十三》："晒枣法……以朳聚而复散之，一日中二十度乃佳。"

胮 pāng

肿胀。《广雅》："胮肛，肿也。"《玉篇》："胮，胮肛，胀大貌。"《齐民要术·种枣第三十三》："晒枣法……择去胮烂者。"今简化写作"膀"。

楩 ruǎn

果名，即樗（yǐng）枣，黑枣。《说文》："樗，枣也，似柿（shì，同'柿'）。"今人将柿之小者俗称软枣。《齐民要术·种柿第四十》："取枝于楩枣根上插之。"

殷 yīn，yǐn，yān

1. yīn，大；多。《广雅》："殷，大也。"又"众也。"又指丰富、富裕。

2. yǐn，形容雷声。

3. yān，赤黑色。《广韵》：“殷，赤黑色也。”《齐民要术·种枣第三十三》：“种楼枣法……足霜，色殷，然后乃收之。”

麨 chǎo

米、麦等炒熟后磨粉制成的干粮。范成大《刈麦行》：“朝出移秧夜食麨。”《齐民要术·种梅杏第三十六》中有“作杏李麨法”，指将果实晒干磨成粉。

柰 nài

果木名。《广韵》：“柰，果木名。”《说文》：“柰，果也。”王筠句读：“柰有青、白、赤三种。”果实可晒为脯（fǔ），俗称频婆粮。

旄 máo

1. 古代用牦牛尾在旗杆上做装饰的旗子；泛指旌旗。《说文》：“旄，幢也。”《玉篇》：“旄，旄牛尾，舞者持。”

2. 木名，泽柳。《尔雅》：“旄，泽柳。”郭璞注：“生泽中者。”邢昺疏：“柳生泽中者别名旄。”

3. 冬桃。《尔雅》：“旄，冬桃。”郭璞注：“子冬熟。”邢昺疏：“桃子冬熟者名旄。”

榹 sī

1. 木盘。《说文》：“榹，槃（盘）也。”

2. 果木名，山桃，又名毛桃。《尔雅》：“榹桃，山桃。”郭璞注：“实如桃而小，不解核。”

蘡 yīng 薁 yù

俗称野葡萄、山葡萄。《广韵》：“蘡，蘡薁，藤也。”蔓叶花实与葡萄无大差别。

廕 yìn

1. 覆盖，庇护。《集韵》："廕，庇也。"今简化写作"荫"。《齐民要术·种桃柰第三十四》"藏蒲萄法"："极熟时，全房折取。于屋下作廕坑。"
2. 因祖先勋劳而恩荣延及子孙。

桗 tiàn

拨火棍，木棍。《玉篇》："桗，木杖也。"《广韵》："桗，火杖。"《齐民要术·种李第三十五》："火桗着树枝间。"火桗，指从灶膛中抽出的燃烧的柴。

褊 biǎn

1. 衣服小。《说文》："褊，衣小也。"引申为狭小。《左传·昭公元年》："以敝邑褊小，不足以容从者。"
2. 急躁。《尔雅》："褊，急也。"《诗经·魏风·葛屦》："维是褊心，是以为刺。"郑玄笺："魏俗所以然者，是君心褊急，无德教使之耳！"
3. 同"扁"。《齐民要术·种李第三十五》"作白李法"："手捻之令褊。复晒更捻，极褊乃止。"

㮆 rán，nán

1. rán，木名，梅。《尔雅》："梅，㮆。"郭璞注："似杏实酢。"《广韵》："㮆，梅也，子如杏而醋。"
2. nán，同"楠"。今楠木。

蔆 lǎo

干梅；又泛指干果。《说文》："蔆，干梅之属。"《正字通》："蔆，凡干果皆可谓之蔆。"《齐民要术·种梅杏第三十六》引《广志》："蜀名梅为'蔆'，大如雁子。"

蕂

字书无。可能是"蔾"字误，或"蘇（简化为'苏'）"字误。《齐民要术·种梅杏第三十六》引《诗义疏》："煮而曝干为蕂。"即把梅煮后再晒干制作为一种果脯。

桴 tíng

山梨树。《广雅》："桴，梨也。"《广韵》："桴，山梨，木名。"

攕 xiān

1. 手细长。《说文》："攕，好手貌。"秦汉时写为"纤"（简化为"纤"），引申为细长。
2. 刺，削。《齐民要术·插梨第三十七》："斜攕竹为签，刺皮木之际，令深一寸许。"

蒂 dì，dài

1. dì，花、瓜、果等与枝茎相连的部分。《说文》："蒂，瓜当也。"今简化写作"蒂"。又引申为末尾，如烟蒂头。
2. dài，草木根。《集韵》："蒂，草木根也。"《齐民要术·插梨第三十七》："用根蒂小枝，树形可喜，五年方结子。"

蓐 rù

1. 陈草复生。《说文》："蓐，陈草复生也。"徐锴系传："……言草繁多也。"
2. 通"褥"，坐卧时铺在床椅上面的垫子或褥子。《后汉书·赵岐传》："有重疾，卧蓐七年。"《齐民要术·插梨第三十七》："产妇蓐中，及疾病未愈，食梨多者，无不致病。"
3. 蚕蔟。用麦秆等做成，蚕在上面做茧。《说文》："蓐，蔟也。""蔟"亦写作"簇"。

欬 kài

咳嗽；唉气。《说文》："欬，逆气也。"《左传·昭公二十四年》："余左顾而欬，乃杀之。"《齐民要术·插梨第三十七》："食梨多者，无不致病。欬逆气上者，尤宜慎之。"今多写作"咳"。

喈 jiē

1. 鸟鸣声。《说文》："喈，鸟鸣声。"《诗经·周南·葛覃》："黄鸟于飞，集于灌木，其鸣喈喈。"又引申为钟铃等声音。

2. 风雨急速的样子。《诗经·邶风·北风》："北风其喈，雨雪其霏。"毛传："喈，疾貌。"

榛 zhēn

1. 木名，果实称"榛子"，似栗而小，果仁可食。《说文》："榛，木也。"

2. 丛生的树林。《广雅》："木丛生曰榛。"段玉裁《说文解字注》："榛，一曰丛木也。"《诗经·曹风·鸤鸠》："鸤鸠在桑，其子在榛。"陆德明释文："榛，《字林》云：木丛生也。"《淮南子·原道训》："木处榛巢，水居窟穴。"

峄 yì

1. 山名，古邹峄山，在今山东省邹县境内。《玉篇》："峄，山，在鲁国邹县。"

2. 山连绵不绝。《尔雅》："属者峄，独者蜀。"郭璞注："言络绎相连属也。"邢昺疏："言山形相连属，骆驿（同'络绎'）然不绝者名峄。"

蓁 zhēn

1. 草叶茂盛。《说文》："蓁，草盛貌。"泛指植物茂盛。

2. 通"榛"。《庄子·徐无鬼》："恂然弃而走，逃于深蓁。逃往丛林。"李贺《老夫采玉歌》："夜雨冈头食蓁子，杜鹃口血老夫泪。""蓁子"即"榛子"。

爇 ruò

燃烧。《说文》："爇，烧也。"《通俗文》："然（通'燃'）火曰爇。"《左传·昭公二十七年》："遂令攻郤氏，且爇之。"《聊斋志异·促织》："问者爇香于鼎，再拜。"《齐民要术·种栗第三十八》："其枝茎生樵，爇烛，明而无烟。"

檎 qín

林檎，又名花红、沙果。果实如苹果而小，黄绿色带微红。味甘，果林能招众禽，又名"来禽"。《玉篇》："檎，林檎，果似奈。"《本草纲目》："林檎即奈之小而圆者。"

橏 zhǎn

1. 木名。《集韵》："橏，木名。"
2. 木瘤。《玉篇》："橏，木瘤也。"又指枯木。

棪 yǎn

果木名，即奈，海棠果。《广韵》："棪，棪奈。"

芡 qiū，ōu

1. qiū，乌芡，初生的芦苇。《玉篇》："芡，乌芡也。"《说文》："芡，草也。"又见《齐民要术》卷十《乌芡九四》。
2. ōu，同"椆"，木名，即刺榆。

奁 lián

1. 古代盛梳妆用的盒子。泛指盛放器物的匣子。
2. 嫁妆。《正字通》："今以物送女嫁曰妆奁。"

抨 pēng

1. 弹，开弓射丸。《说文》："抨，捭（应为'弹'）也。"段玉裁注："弹者，开弓也。"

2. 拍，拂过。《齐民要术·奈、林檎第三十九》："更下水，复抨如初。"又《种蓝第五十三》："急手抨之。"（"抨"自注音"普彭反"。）

3. 弹劾，攻击他人过失。

椀 wǎn

同"盌"。《集韵》："盌或作椀。"盌、椀今简化写作"碗"。

椑 bēi，bì

1. bēi，柿子的一种，叫"椑柿"，生长于江淮以南，果熟为青黑色，可生食。《本草纲目》卷三十："椑乃柿之小而卑者，故谓之椑。他柿至熟则黄赤，惟此虽熟亦青黑色。捣碎浸汁，谓之柿漆，可以染罾扇诸物，故有'漆柿'之名。"即今俗称的油柿。《齐民要术》卷十《椑二〇》中的"椑"有多种。

2. bì，最内层的棺材。《正字通》："椑，亲身棺。"《礼记·檀弓上》："君即位而为椑，岁壹漆之，藏焉。"

敷 fū

1. 施与，给予。《尚书·康王之诰》："勘定厥功，用敷遗后人休。"孔传："用布遗后人之美，言施及子孙无穷。"

2. 铺开，散布。《齐民要术·养鹅鸭第六十》："于笼中高处，敷细草，令寝处其上。"

3. 搽，涂。如敷粉，敷药。

4. 同"柎"，花的花托或花萼。《玉篇》："柎，花萼足也。"《集韵》："草木房为柎，一曰华下萼。"《齐民要术·安石榴第四十一》："红敷紫萼。"

烨 yè

火光。《集韵》："烨，火盛貌。"又明亮。《宋史·文天祥传》："秀眉而长目，顾盼烨然。"《齐民要术·安石榴第四十一》："烨烨可爱。"此指花开得红艳美好。

礓 jiāng

小石头。《玉篇》："礓，砾石也。"《齐民要术·安石榴第四十一》："置枯骨、礓石于枝间。"

楙 mào

1. 同"茂"，茂盛。《说文》："楙，木盛也。"《汉书·律历志上》："君主种物，使长大楙盛也。"
2. 果木名，即木瓜。《尔雅》："楙，木瓜。"郭璞注："实如小瓜，酢可食。"

蔫 niān

1. 叶、花、果等失去所含水分而萎缩；不新鲜。《广韵》："蔫，物不鲜也。"《齐民要术·种木瓜第四十二》："截着热灰中，令萎蔫，净洗。"
2. 精神不振。（"蔫"，古音又读 yān。）

豉 chǐ

豆豉，大豆浸泡煮熟后经发酵制成，供调味用。《释名》："豉，嗜也，五味调和，须之而成，乃可甘嗜也。故齐人谓豉，声如嗜也。"《齐民要术·作豉法第七十二》："大釜煮之……伤热则豉烂。"

杬 yuán

木名，皮汁呈红色，味苦涩，可用来腌制果品和禽蛋。《集韵》："杬，木名。生南方，皮厚，汁赤，中藏卵果。"《齐民要术·养鹅鸭第六十》"作杬子法"："取杬木皮，净洗细茎，剉煮取汁……"用杬汁来增味，使不烂败。

椴 huǐ

花椒的别名。《尔雅》："椴，大椒。"郭璞注："今椒树丛生，实大者名曰椴。"郝懿行义疏："《尔雅》之椴，大椒，即秦椒矣。秦椒，今之花椒。本产于秦，今处处有人家种之。"

鲊 zhǎ

1. 用盐、米粉和红曲腌制的鱼。《释名》："鲊，菹也。以盐、米酿鱼以为菹，熟而食之也。"见《齐民要术·作鱼鲊第七十四》中多种。
2. 一种用米粉、面粉等加盐及其他食料拌的菜；又泛指拌制的食品，可贮存。

栀 zhī

1. 栀子，常绿灌木，花有强烈香气，果长椭圆形、赤黄色，可作染料或入药。《龙龛手鉴》："栀，栀子，木实可染黄。"
2. 桑树的一种，无葚者。《尔雅》："桑辨有葚，栀（栀）。"郭璞注："辨，半也。"

桋 yí

1. 木名，苦楮梼，常绿乔木，材质坚韧可作车毂、农具。
2. 桋桑，初生的嫩桑条，又称女桑。《尔雅》："女桑，桋桑。"郭璞注："今俗呼桑树小而条长者为女桑树。"亦作黄（tí）桑。所以"桋"又音 tí。

柘 yǎn

山桑。《说文》："柘，山桑也。"《尔雅》："柘桑，山桑也。"郭璞注："似桑，材中作弓及车辕。"叶小于桑可饲蚕，蚕丝坚韧，制琴瑟弦。

蹶 jué

1. 跌倒。《说文》："蹶，僵也，一曰跳也。"

2. 急促，突然。《广韵》："蹶，速也。"《庄子·在宥》："广成子蹶然而起。"陆德明释文："蹶，惊而起也。"《齐民要术·种桑柘第四十五》引《搜神记》："皮蹶然起，卷女而行。"今口语指骡马等用后腿向后踢称为尥（liào）蹶（juě）子。

掎 jǐ

1. 从旁或从后牵引，拉住。《说文》："掎，偏引也。"
2. 牵制。《北史·周本纪上》："贼掎吾三面，又造桥……"今有成语"掎角之势"，作战时分兵牵制或合兵夹击的形势。《齐民要术·种桑柘第四十五》："行欲小掎角，不用正相当。"

筥 jǔ

1. 盛米饭等食物的竹器。《诗经·召南·采蘋》："于以盛之，维筐及筥。"毛传："方曰筐，圆曰筥。"《齐民要术》卷十《枸橼（yuán）三五》引《异物志》："大如饭筥。"
2. 箱子。

昕 xīn

黎明。《说文》："昕，旦（应为'且'）明，日将出也。"《礼记·文王世子》"大昕"郑玄注："早昧爽也，是昕即晨而未旦也。"《齐民要术·种桑柘第四十五》引《尚书大传》："大昕之朝，夫人浴种于川。"又引申为鲜明、明亮。《小尔雅》："昕，明也。"

蚖 yuán

1. 古指蝾螈和蜥蜴类动物。后写作"螈"。《齐民要术·种桑柘第四十五》中有"蚖珍蚕、蚖蚕"之名。
2. 毒蛇。《广韵》："蚖，毒蛇。"

硎 kēng，xíng

1. kēng，同"坑"，坑穴。《龙龛手鉴》："硎，坑壑陷也。"《农政全书·养蚕法》："安硎泉冷水中，使冷气折其出势。"（"硎"自注音"苦耕反"。）

2. xíng，磨刀石。《广韵》："硎，砥石。"《庄子·养生主》："而刀刃若新发于硎。"

梊 zhé

蚕箔架上的横木。《说文》："梊，槌也。"又"槌，关东谓之槌，关西谓之梊。"《方言》："槌，其横……齐郡谓之梊。"郭璞注："悬蚕薄柱也。"《齐民要术·种桑柘第四十五》引："三月，清明节……具槌、梊、箔、笼。"槌是蚕架的直柱，梊是架上的小横木。

枌 fén

木名，白榆树。《尔雅》："枌，白榆。"《说文》："枌，榆也。"

荑 tí

1. 初生茅草的嫩芽。《说文》："荑，草也。"《玉篇》："荑，始生茅也。"
2. 草木的嫩芽。《集韵》："荑，卉木初生叶貌。"又引申为发芽。

芜 wú

1. 田地荒芜。《说文》："芜，秽也。"《老子》第五十三章："田甚芜，仓甚虚。"
2. 丛生的草。《小尔雅》："芜，草也。"
3. 繁杂。《旧唐书·马周传》："举要删芜。"指删去杂乱的文辞。《齐民要术·种榆白杨第四十六》："山榆，人可以为芜荑。"山榆的果仁可制"芜荑酱"。

捋 luō，lǚ

1. luō，用手轻轻摘取；用手握住物件向一端滑动。《说文》："捋，取易（应为'物'）也。"《集韵》："捋，采也。"《齐民要术·种榆白杨第四十六》："捋心则科茹不长。"此指砍去顶梢，树长不高。又《养羊第五十七》："核破脉开，捋乳易得。"

2. lǔ，用手指顺着抹过去，使物体顺溜或干净。《乐府诗集·陌上桑》："下担捋髭须。"

镟 xuàn

1. 圆炉，古人用以温酒。《说文》："镟，圆炉也。"
2. 回旋着切削。《玉篇》："镟，转轴裁器也。"《齐民要术·种榆白杨第四十六》："挟者镟作独乐及盏。""镟"，今简写作"旋"。

榼 kē

古时盛酒的容器。《说文》："榼，酒器也。"又泛指盒类容器。

娉 pìn，pīng

1. pìn，问名，古代婚礼"六礼"之一，即男方聘请媒人到女方家问名字及出生年月。《说文》："娉，问也。"段玉裁注："凡娉女及聘问之礼古皆用此字。"引申为嫁娶、婚配。今写作"聘"。《齐民要术·种榆白杨第四十六》："娉财资遣，粗得充事。"
2. pīng，娉婷，美好。《字汇》："娉，娉婷，美貌。"

鳌 mú 酴 tú

榆仁酱。《说文》："鳌酴，榆酱也。"《释名》："酴，投也。味相投成也。"《本草纲目》中有"榆仁酱造法"："取榆仁水浸一伏时，袋盛揉洗去涎，以蓼汁拌晒，如此七次……"

樀 zhé

同"柣（zhé）"，蚕箔架上的横木，俗称"蚕椽"。《集韵》："柣，《说文》：'槌也'，或作樀。"《齐民要术·种榆白杨第四十六》："三年，中为蚕樀。""樀"亦写作"楠"。《煮胶第九十》："施三重箔樀，令免狗鼠。"（"樀"自注音"都格反"。今音又读 dí。）

芾 fú，fèi

1. fú，草木茂盛。《广韵》："芾，草木盛也。"

2. fèi，蔽芾，幼小的样子。《诗经·召南·甘棠》："蔽芾甘棠，勿翦勿伐。"甘棠即杜梨树或棠梨树。

杕 dì

1. 树木孤高独立。《说文》："杕，树貌。"段玉裁注："树当作'特'。"《字汇》："杕，木独生也，又孤高貌。"即挺立高耸的样子。《诗经·唐风·杕杜》："有杕之杜，其叶湑湑（xǔ xǔ，茂盛的样子）。"

2. 树木茂盛的样子。《玉篇》："杕，木盛貌。"

绛 jiàng

1. 大红色。《说文》："绛，大赤也。"段玉裁注："大赤者，今俗所谓大红也。"《广雅》："绛，赤也。"《齐民要术·种棠第四十七》："八月初，天晴时……可以染绛。"

2. 绛草，一种可作染料的植物。

3. 丝的纺织物。《晋书·礼志下》："绛二匹，绢二百匹。"

楮 chǔ

1. 楮树，也称构树，落叶乔木，叶似桑，树皮是制造桑皮纸和宣纸的原料。《齐民要术·种榖楮第四十八》与卷十《楮一四二》引《南方记》"楮树，子似桃实……"中的"楮"不同。

2. 纸的代称。《徐霞客游记·粤西游日记》："数十家倚山北麓，以造楮为业。"

3. 纸钱。宋、金、元时发行的纸币，多用楮皮纸制成。

榖 gǔ

落叶乔木，雌雄异株，树皮是中国古代造纸原料。也称构树。《说文》："榖，楮也。"《集韵》："关中谓楮为榖。"《埤雅》："皮白者榖，皮斑者楮，盖一物三名也。"《诗经·小雅·鹤鸣》："爰有树檀，其下维穀。"孔颖达疏："幽州人谓之穀桑，荆扬人谓之穀，中州人谓之楮。"

晡 bū

申时。指下午三点至五点。《广韵》："晡，申时。"《齐民要术·漆第四十九》："凡漆器……于日中半日许曝之使干，下晡乃收，则坚牢耐久。""下晡"，即为日将落时。

揩 kǎi

抹；擦。《广雅》："揩，磨也。"《广韵》："揩，摩拭。"《齐民要术·漆第四十九》："若不揩拭者，地气蒸热，遍上生衣。"

飒 sà

风吹的声音。《说文》："飒，翔风也。"《广韵》："飒，风声也。"《龙龛手鉴》："飒，飒飒，风声也。"又形容风声、雨声。杜甫《寓同谷歌》："四山多风溪水急，寒雨飒飒枯树湿。"《齐民要术·漆第四十九》："动处起发，飒然破矣。"

聂 niè，zhé

一、读 niè
附耳小声说话。《说文》："聂，附耳私小语也。"此义今写作"嗫"。
二、读 zhé
1. 合拢，叠合。《集韵》："聂，合也。"
2. 通"牒（zhé）"，切肉成薄片。《集韵》："牒，切也。通作'聂'。"《礼记·少仪》："牛与羊鱼之腥，聂而切之为脍。"郑玄注："聂之言牒也。先藿叶切之，复报切之则成脍。"

炕 kàng，hāng

一、读 kàng
1. 烤干，晒干。《说文》："炕，干也。"段玉裁注："谓以火干之也。"《广雅》：“炕，爆也。”《玉篇》：“炕，炙也。”

2. 北方人用土坯或砖砌的卧具，可生火取暖。《正字通》：“炕，北方暖床曰炕。”

二、读 hāng

张开。《集韵》：“炕，张也。”《尔雅》：“守宫槐，叶昼聂宵炕。”郭璞注：“槐叶昼日聂合，而夜炕布者，名为守宫槐。”邢昺疏：“炕，张也。”

楯 shǔn，dùn

1. shǔn，栏杆的横木，也指栏杆。《说文》：“楯，阑槛也。”段玉裁注：“阑槛者，谓凡遮阑之槛，今之阑干是也……纵曰槛，横曰楯。”

2. dùn，同“盾”，盾牌，引申指防御之物。

辋 wǎng

1. 车轮的外框。《正字通》：“辋，车轮外围。”《释名》：“辋，罔（wǎng）也，罔罗周轮之外也。”《齐民要术·种槐柳楸梓梧柞第五十》：“凭柳，可以为楯、车辋、杂材及枕。”

2. 宫殿屋檐上的环状饰物。

槚 jiǎ

1. 楸树。《说文》：“槚，楸也。”

2. 茶树，茶。《尔雅》：“槚，苦荼（茶）。”郭璞注：“树小似栀子，冬生叶。可煮作羹饮，今呼早采者为荼，晚取者为茗……”郝懿行义疏：“今‘茶’字古作‘荼’……”陆羽《茶经》：“其名一曰茶，二曰槚，三曰蔎（shè），四曰茗，五曰荈（chuǎn）。”

櫬 chèn

1. 古称椑棺、空棺为櫬，后泛指棺材。《说文》：“櫬，棺也。”《小尔雅》：“空棺谓之櫬，有尸谓之柩。”《左传·襄公四年》：“不殡于庙，无櫬，不虞。”杜预注：“櫬，亲身棺。”

2. 梧桐的一种，即青桐。《尔雅》："榇，梧。"郭璞注："今梧桐。"郝懿行义疏："《说文》：'梧，梧桐木，一名榇'……今人谓之青桐。"

屧 xiè

1. 鞋的木底。《说文》："屧，履之荐也。"段玉裁注："荐者，藉也。（藉于履下，非同履中苴也。）"

2. 木屐。《广韵》："屧，屐也。"《齐民要术·种槐柳楸梓梧柞第五十》："青白二材，并堪……木屐等用。"

槫 tuán

1. 房屋上的檩子。《齐民要术·种槐柳楸梓梧柞第五十》："二十岁，中屋槫。"

2. 通"抟"，圆。《字汇》："槫，楚人谓圆为槫。"

炰 fǒu

1. 蒸煮。《集韵》："炰，火熟之也。或作炰。"《诗经·大雅·韩奕》："炰鳖鲜鱼。"郑玄笺："炰鳖，以火熟之也。"

2. 同"炮（páo）"，把带毛的肉用泥裹住放在火上烧烤。《集韵》："炮，《说文》：'毛炙肉也。'或作'炰'。"

笋 sǔn

1. 竹的嫩芽，可食用。《说文》："笋，竹胎也。"《尔雅》："笋，竹萌。"此义今简化写作"笋"。

2. 悬乐器的横木。《周礼·考工记·梓人》："梓人为笋虡（jù）。"郑玄注："乐器所悬，横曰笋，植曰虡。"

3. 同"筠"（yún），竹青皮，俗称篾青。

箂 mèi

竹名。《玉篇》："箂，竹。"《广韵》："箂，竹名。"戴凯之《竹谱》："是箭竹类，一尺数节，叶大如履，可以作篷，亦中作矢，其笋冬生。"《农政全书·杂种上》："簳冬夏生，始数寸，可煮，以苦酒浸之，可下酒及食。"

簰 duò

实心竹名。《玉篇》："簰，竹名。"《集韵》："簰，生南阳，汉时献为马策。"《竹谱》注："虫啮处往往成赤文，颇似绣画可爱。"

籚

字书无。可能是"籭（lǐ）"之残烂。《玉篇》："籭，竹。"

篺

字书无。可能是"篺（liáo）"之残烂。《玉篇》："篺，竹名。"《集韵》："篺，竹名，似苦竹而细软，江、汉间谓之苦篺。"《竹谱详录》："促节体柔，笋无味，人亦不食。"戴凯之《竹谱》："篺、籭二种，至似苦竹，而细软肌薄……篺笋亦无味，籭，齿有文理也。"

黦 yuè，yè

1. yuè，黄黑色。《广韵》："黦，黄黑色。"
2. yè，色变坏。《广韵》："黦，色坏也。"《齐民要术·种红蓝花栀子第五十二》："耐久不黦。"

杀 shā，shài

一、读 shā
杀死。《说文》："杀，戮也。"引申义多。
二、读 shài
1. 减省。《广雅》："杀，减也。"《集韵》："杀，削也。"《齐民要术·种红蓝花栀子第五十二》有"杀花法"。
2. 消耗。《农政全书·食物》："又造神曲法……此曲一斗，杀米三石，笨曲一斗，杀米六斗，省费悬绝如此。"

藋 diào

灰藋，藜类植物。《玉篇》：“藋，藜藋也。”《左传·昭公十六年》：“斩之蓬、蒿、藜、藋。”

瀋 shěn

汁。《说文》：“瀋，汁也。”《左传·哀公三年》：“无备而官办者，犹拾瀋也。”杜预注：“瀋，汁也。”陆德明释文：“北土呼汁为瀋。”“犹拾瀋也”义为如同羹汁倾覆于地，无法收拾。《齐民要术·造神曲并酒第六十四》：“其糠瀋杂用，一切无忌。”“糠瀋埋藏之，勿使六畜食。”《作酢法第七十一》：“初淘瀋汁泻却，其第二淘泔即留以浸馈。”又简作“渖”。《种红蓝花栀子第五十二》：“布绞取渖，以和花汁。”

“瀋”今写作“沈”。

觜 zī，zuǐ

一、读 zī
1. 猛禽头上的毛角。《说文》：“觜，鸱旧头上角觜也。”
2. 星宿名，西方白虎七宿的第六宿，有星三颗。为虎首。
二、读 zuǐ
鸟嘴。《广韵》：“觜，嘴也。”又指形状像嘴的物件。《齐民要术·种红蓝花栀子第五十二》：“以绵幂铛觜瓶口，泻着瓶中。”

胰 yí

猪胰腺体。《广韵》：“胰，豕息肉。”《本草纲目》：“胰，一名肾脂，生两肾之间，似脂非脂，似肉非肉。乃人物之命门，三焦发源处也，肥则多，瘦则少，盖颐养赖之，故谓之胰。”后写作“胰”。

臼帚 fèi

舂，用杵臼捣去谷物皮壳。《广雅》：“臼帚，舂也。”《广韵》：“臼帚，舂米。”

《齐民要术·种红蓝花栀子第五十二》：“臼帀使甚细。”又《飧饭第八十六》“作粟飧法”：“臼帀米欲细而不碎，臼帀讫即炊。”

杓 sháo，biāo

1. sháo，木制的有柄舀东西的器具。欧阳修《卖油翁》：“徐以杓酌油沥之。”《齐民要术·种红蓝花栀子第五十二》：“良久，清澄，以杓徐徐接去清。”又《养羊第五十七》：“以汤和盐，用杓研之极咸，涂之为佳。”今写作“勺”。

2. biāo，斗杓。古代对北斗七星柄部三颗星（玉衡、开阳、摇光）的称呼。《淮南子·天文训》：“斗杓为小岁。”高诱注：“斗第五至第七星为杓。”

足 zú，jù

一、读 zú
人体下肢，脚。《说文》：“足，人之足也，在下。”引申义多。
二、读 jù，
1. 过分。
2. 培土。《管子·五行》：“春辟勿时，苗足本。”尹知章注：“足，犹拥（同‘壅’）也，春生之苗，当以土拥其本。”
3. 增补，接连。《广韵》：“足，足添物也。”《集韵》：“足，益也。”《齐民要术·种红蓝花栀子第五十二》：“足手痛挼勿住。”此指多人多双手不停地揉挼。又《造神曲并酒第六十四》：“溲时微令刚，足手热揉为佳。”（“足”自注音“将住反”。）

葳 zhēn

1. 马蓝。叶可制蓝靛。《说文》：“葳，马蓝也。”《尔雅》：“葳，马蓝。”郭璞注：“今大叶冬蓝也。”《本草纲目》：“马蓝叶如苦荬，俗中所谓板蓝者，花子并如蓼蓝。”
2. 酸浆，多年生草木。《尔雅》：“葳，寒浆。”郭璞注：“今酸浆草，江东呼曰苦葳。”邢昺疏：“……处处人家多有，叶亦可食，子作房，房中有子如梅李大，皆黄赤色。”

荄 gāi

草根。《说文》："荄，草根也。"《尔雅》："荄，根。"郭璞注："俗呼韭根为荄。"《汉书·礼乐志》："青阳开动，根荄以遂。"颜师古注："草根曰荄。"《齐民要术·种蓝第五十三》："热时一宿，冷时再宿，漉去荄，内汁于瓮中。""荄"此指茎叶的碎屑。

蒢 lì

一种可作染料的草。其染黄绿的叫绿蒢，即荩草、菉；染紫色的叫紫蒢，又叫紫草。《说文》："蒢，草也。可以染留黄。"《玉篇》："蒢，紫草也。"

扼 è

1. 握住；掐住。《汉书·李广传附李陵》："力扼虎，射命中。"颜师古注："扼，谓捉持之也。"

2. 量词，用于成束的物体，双手对握的量，相当于"把"。《齐民要术·种紫草第五十四》："一扼随以茅结之，四扼为一头，当日即斩齐。"

煏 bì

用火烘干。《玉篇》："煏，火干也。"《齐民要术·伐木第五十五》："凡非时之木，水沤一月，或火煏取干，虫则不生。"（"煏"自注音"蒲北反"。）

䃅 dī

古代染缯用的黑石。《集韵》："䃅，黑石，可染缯，出琅邪。"金日（mì）䃅，匈奴贵族，降汉后受汉武帝信任，赐姓"金"。

煨 wēi

1. 余烬，热灰。《说文》："煨，盆中火。"《正字通》："煨，烬，火余也。"《战国策·秦策一》："犯白刃，蹈煨炭。"《齐民要术·养牛马驴骡第五十六》：

"降虏之煨烬。"

2. 食物在火灰里烧熟；也指用文火加热。《六书故》："煨，灰火中孰（熟）物也。"

絷 zhí

拘系马足。《广韵》："絷，系马。"《礼记·月令》："仲夏之月……游牝别群，则絷腾驹。"引申为捆绑；拘囚。

髂 qià

髂骨，腰下、腹两侧的骨。古称腰骨。（"髂"自注音"枯价切"。）

髋 kuān

臀部。《说文》："髋，髀上也。"段玉裁注："髋者，其骨最宽大也。"髋骨指组成骨盆的大骨，左右各一，亦称胯骨。

髀 bì

1. 大腿。《说文》："髀，股也。"段玉裁注："……股外曰髀。"
2. 大腿骨。《篇海类编》："髀，股骨也。"《汉书·贾谊传》："至于髋髀之所，非斤则斧。"颜师古注："髀，股骨也。"《齐民要术·养牛马驴骡第五十六》："相马之法……浅髋薄髀，五弩。"

骝 liú

红身黑鬣（liè）尾的良马。《玉篇》："骝，紫骝马。"《集韵》："骝，《说文》：'赤马黑毛尾也。'"

骓 tuó

毛色呈鳞状斑纹的青马。《说文》："骓，一曰青骊白鳞，文如鼍（tuó）鱼。"段玉裁注："青黑色之马，起白片如鳞然。"《尔雅》："青骊驎（lín），骓。"

膁 qiǎn

牲畜腰两侧肋与胯之间的软凹处，俗名"软肚"。《玉篇》："膁，腰左右虚肉处。"《集韵》："膁，牛马肋后胯前。"《齐民要术·养牛马驴骡第五十六》："膁腹小则脾小……大膁疏肋，唯饲。"

脺 bì

同"髀"，大腿。《字汇补》："脺，与髀同，股也。"

膺 yīng

1. 胸。《说文》："膺，胸也。"李白《蜀道难》："以手抚膺坐长叹。"
2. 内心，胸臆。《汉书·东方朔传》："服膺而不释。"颜师古注："服膺，俯服其胸臆也。"

凫 fú

1. 野鸭，常成群栖息于湖泽，善游泳。《集韵》："凫，鸟名。"
2. 凫茈（cí），古指荸荠。

桎 zhì

1. 拘束犯人两脚的刑具。引申为给两脚上刑具，《说文》："桎，足械也。"《易经·蒙》："利用刑人，用说（通'脱'，解脱）桎梏。"孔颖达疏："在足曰桎，在手曰梏。"
2. 束缚。《集韵》："桎，碍也。"《齐民要术·养牛马驴骡第五十六》："髻欲桎而厚且折……"

脢 méi

背上的肉。《说文》："脢，背肉也。"《集韵》："脢，背侧之肉。"《易经·咸》："咸其脢，无悔。"孔颖达疏引郑玄："脢，脊肉也。"也指脊背。《齐民要术·养牛马驴骡第五十六》："腢筋欲大。"可能指夹背筋。

尻 kāo

屁股。《玉篇》："尻，髋也。"《广雅》："尻，臀也。"尻部连接腰、腿，是家畜运力的重要部位。

朒 nà

腽（wà）朒，肥胖。《玉篇》："腽，腽朒，肥也。"朒肉是指后股里面的肉。

匡 kuāng

1. 古代盛饭用具。《说文》："匡，饮（饭）器，筥也。"段玉裁注："匡不专于盛饭。"今写作"筐"。

2. 正；救。《尔雅》："匡，正也。"《诗经·小雅·六月》："王于出征，以匡王国。"引申为辅助。《汉书·宣帝纪》："以匡朕之不逮。"

3. 嵌在墙上以安门窗的架子。今写作"框"。《齐民要术·养鸡第五十九》："别筑墙匡，开小门。"

4. 借用为"眶"，眼眶。《史记·淮南王安列传》："涕满匡而横流。"《齐民要术·养牛马驴骡第五十六》："机骨欲举，上曲如悬匡。"

鞮 dī

古代用皮制的鞋。《说文》："鞮，革履也。"颜师古注《急就篇》"鞮"："薄革小履也。"《方言》卷四："自关而东……禅（dān）者谓之鞮。"郭璞注："今韦鞮也。"

区 ōu，qū

1. ōu，古代容器。今作姓氏用字。

2. qū，弯曲。《管子·五行》："冰解而冻释，草木区萌。"《史记·乐书》："然后草木茂，区萌达。"裴骃集解引郑玄："屈生曰区。"张守节正义："曲出曰区，菽豆之属；直出曰萌，稻稷之属也。"《齐民要术·养牛马驴骡第五十六》：

"生区受麻子。"指牙齿有齿坎。"区"古音读 gōu。

腒 hùn

圆长。《集韵》："腒，圆长貌。"《齐民要术·养牛马驴骡第五十六》："头欲得腒而长，颈欲得重。"

靽 bàn

1. 套在牲口后部的皮带。《集韵》："靽，驾牛具，在后曰'靽'。"《字汇》："靽，驾马具，在后曰'靽'。"

2. 同"绊"，绊马足的绳索。《玉篇》："靽，与'绊'同。"《说文》："绊，马絷也。"《释名》："靽，半也，拘使半行不得自纵也。"《齐民要术·养牛马驴骡第五十六》："踠欲促而大，期间才容靽。"引申为约束，牵制。

騴 zhàn

马卧在地上打滚儿。《玉篇》："騴，马转卧土中也。"《广韵》："騴，马土浴。"《齐民要术·养牛马驴骡第五十六》："皮劳者，騴而不振。"

餧 wèi

1. 同"馁（něi）"，饥饿。《说文》："餧，饥也。"《集韵》："餧，《说文》：'饥也。'或作馁。"

2. 喂养。《玉篇》："餧，以物散与鸟兽食之。"《广雅》："餧，食（sì）也。"《广韵》："餧，饭也。"《集韵》："萎，食牛也，或从食。"《汉书·陈余传》："今俱死，如以肉餧虎，何益?"《齐民要术·养牛马驴骡第五十六》："气劳者，缓系之枥上，远餧草，喷而已。"此义今写作"喂"。

哐 qiāng

同"痉（qiāng）"，喉部生病。《广韵》："痉，喉中病。"《集韵》："痉，喉癀（hú）也。或从口。"《齐民要术·养牛马驴骡第五十六》："不哐，自然好矣。"（"哐"自注音"苦江反"。）

蠃 luó

同"骡"，公驴配母马所生，俗称马骡。《说文》："蠃，驴父马母。"

铍 pī

1. 中医用的大针，针下端如剑形，两面有刃，多用以破痈排脓血。《说文》："铍，大针也。"《灵枢经》："铍针，长四寸，广二分半。""铍针者，末如剑锋，以取大脓。"

2. 两刃小刀。左思《吴都赋》："羽族以刀觜距为刀铍。"李善注引刘逵："铍，两刃小刀也。"

瘙 sào

1. 古代指疥疮。《广雅》："瘙，创（疮）也。"《玉篇》："瘙，疥瘙。"《齐民要术·养牛马驴骡第五十六》"治马瘙蹄方"："以刀刺马踠丛毛中，使血出，愈。"

2. 皮肤发痒。《聊斋志异·莲香》："数日，身体瘙痒。"

駃 jué，kuài

一、读 jué

駃騠（tí），公马与母驴杂交所生，俗称驴骡。《说文》："駃，駃騠，马父蠃子也。"

二、读 kuài

1. 快马，良马。《广韵》："駃马，日行千里。"

2. 同"快"。元好问《乙酉六月十一日雨》："今日复何日，駃雨东南来。"《齐民要术·养牛马驴骡第五十六》："眼去角近，行駃。"

膂 lǚ

1. 脊骨。《尚书·君牙》："今命尔予翼，作股肱心膂。"孔颖达疏："膂，背也。"

2. 脊骨旁的肌肉。《广雅》："膂，肉也。"《黄帝内经·素问》："邪气客于风府，循膂而下"。王冰注："膂，谓脊两旁。"张景岳注："夹脊两旁之肉曰膌。"《齐民要术·养牛马驴骡第五十六》："单膌，无力。"此指背腰椎两侧的肌肉欠发达隆起的就无力。

窊 wā

1. 低凹，低下。《广韵》："窊，下处也。"《齐民要术·养牛马驴骡第五十六》："窊则双膌，不窊则为单膌。"
2. 卷缩。梅尧臣《次韵和永叔尝新茶杂言》："味久回甘竟日在，不比苦硬令舌窊。"

羝 dī

公羊。《说文》："羝，牡羊也。"《齐民要术·养羊第五十七》："大率十口二羝。羝少则不孕，羝多则乱群。"

蚛 zhòng

虫咬。《广韵》："蚛，虫食物。或作蚛。"

頼 sǎng

1. 额头；头。
2. 嗓子，喉咙。

薍 wàn，luàn

1. wàn，初生的荻，似苇而小，茎秆实心。
2. luàn，小蒜的根。可煮饮以治疗霍乱等病。《集韵》："薍，小蒜根曰薍子。"

羖 gǔ

黑色公羊。《说文》："羖，夏羊牡曰羖。"《六书故》："羖，牡羊也。"

桊 quān

1. 屈木制成的盂。《集韵》："桊，屈木盂也。"《广韵》："桊，器。似升，屈木作。"《齐民要术·养羊第五十七》："屈木为桊，以张生绢袋子。"

2. 一种制茶的器具。陆羽《茶经》："规，一曰模，一曰桊，以铁制之，或圆，或方，或花。"

3. 同"桊（juàn）"，穿在牛鼻上的小铁环或小木棍。《说文》："桊，牛鼻中环也。"《玉篇》："桊，拘牛鼻。"

揄 yú，yóu

1. yú，引；挥动。《说文》："揄，引也。"《淮南子·氾论训》："（曹沫）揄三尺之刃，造桓公之胸。"

2. yóu，舀取。《诗经·大雅·生民》："或舂或揄，或簸或蹂。"郑玄笺："揄，抒臼也。"《齐民要术·养羊第五十七》："急揄醋飧。"

㕮 fǔ 咀 jǔ

1. 中医用词，把药物放入口中咬碎，引申指将中药捣碎或切细以便煎服。

2. 配药方。《广韵》："㕮咀，修药也。"《黄帝内经·灵枢经》："……凡四种，皆㕮咀，渍酒中。"

3. 斟酌品味。《集韵》："㕮咀，谓商量斟酌之，一曰含味。"《说文》："咀，含味也。"段玉裁注："含而味之。"

妒 dù

1. 忌妒。今写作"妒"。

2. 乳痈。《释名》："乳痈曰妒。妒，褚（通'贮'，储存）也。气积褚不通至肿溃也。"

獖 wéi

阉割过的小公猪。《尔雅》："豕豶，獖。"郭璞注："俗呼小豮猪为獖子。"

豮 fén

阉割后的猪。《易经·大畜》："豮豕之牙。"陆德明释文引刘表注："豕去势曰豮。"

猑 wēn

一种头短或形体粗短难以长大的猪。《龙龛手鉴》："猑，短项豕名。"《尔雅》："豕，奏（腠 còu）者猑。"郭璞注："今猑猪短头，皮理腠蹙。"郝懿行义疏："今猪腹、干、头俱短，毛赤黑色亦短，即猑猪也。"今俗谓"紧皮猪"。

蹢 dí

猪蹄；兽蹄。《尔雅》："蹢，足也。"

豥 gāi

四蹄皆白色的猪。《尔雅》："豕四蹢皆白，豥。"《玉篇》："豥，豕四足白。"

豟 è

有力的大猪。《尔雅·释畜》："彘五尺为豟。"《尔雅·释兽》："绝有力，豟。"郭璞注："即豕高五尺者。"

豝 bā

1. 母猪。《说文》："豝，牝豕也。"《诗经·召南·驺虞》："壹发五豝。"郑玄笺："豕，牝曰豝。"
2. 两岁的猪、兽。《广雅》："兽二岁为豝。"
3. 大猪。《太平御览》卷九〇三引《纂文》："渔阳以大猪为豝。"

豵 zōng

1. 六个月或一岁的小猪。《说文》："豵，生六月豚。一曰一岁豵。尚丛聚也。"又泛指小猪。
2. 一胎生三子的猪。《广韵》："豵，豕生三子。"

豨 xī

1. 猪跑的声音。《说文》："豕走豨豨。"徐锴系传："走且戏貌。"
2. 大猪；野猪。《淮南子·本经训》："封豨修蛇，皆为民害。"

豠 chú

猪。《说文》："豠，豕属。"《广雅》："豠，豕也。"

豯 xī

三个月的小猪。《说文》："豯，生三月豚。"《方言》卷八："猪，其子或谓之豚，或谓之豯。"

猉 míng

小猪。《广韵》："猉，小豚。"

豰 bó，hù

1. bó，小猪。《说文》"豰，小豚也。"
2. hù，一种猪名。《广韵》："豰，豕也，狖豰也。"

狋 ài

老猪。《玉篇》："狋，老猪。"《集韵》："豕老谓之狋。"

豭 jiā

公猪。《说文》："豭，牡豕也。"

豚 tún

小猪；泛指猪。《说文》："豚，小豕也。"《广韵》："豚，豕子。"

焰 yàn，xún

一、读 yàn

火苗。《说文》："焰，火焰也。"《集韵》："焰，火光。或作焰。"今写作
"焰"。

二、读 xún

1. 古代在热汤里煮至半熟用于祭祀的肉。《礼记·礼器》："三献焰，一献孰
（熟）。"郑玄注："焰，沉肉于汤也。"

2. 把已宰杀的猪、鸭、鸡等用热水烫后去掉毛。《晋书·苻生传》："生剥牛
羊驴马，活焰鸡豚鹅。"《齐民要术·养猪第五十八》："有柔毛者，焰治难净
也。"此指热水烫后煺毛，净毛出肉。

犍 jiān

阉过的牛；又指阉割牲畜。《正字通》："犍，以刀去势也。"《齐民要术·养
猪第五十八》："六十日后犍……犍者骨细肉多……"

雓 yú

大种鸡的幼雏。《尔雅》："鸡大者蜀，蜀子雓。"郭璞注："蜀，今蜀鸡，
雓，雏子名。"郝懿行义疏："蜀鸡雏别名雓耳。"

僆 liàn

1. 小鸡。《尔雅》："未成鸡，僆。"郭璞注："今江东呼鸡少者曰僆。"《广

韵》："伨，鸡未成也。"

2. 孪生。《方言》卷三："陈楚之间，凡人兽乳而双产谓之釐孳，秦晋之间谓之伨子。"《集韵》："伨，江东人谓畜双产曰伨。"

鹍 kūn

大鸡。《尔雅》："鸡三尺为鹍。"郭璞注："阳沟巨鹍，古之名鸡。"《本草纲目》："蜀中一种鹍鸡……高三四尺。"

瀹 yuè

1. 浸渍。《说文》："瀹，渍也。"《仪礼·既夕礼》："菅筲（shāo，竹制容器）三，其实皆瀹。"贾公彦疏："筲用菅草，黍稷皆淹而渍之。"

2. 煮。《玉篇》："瀹，煮也，内（同'纳'）菜汤中而出也。"《汉书·郊祀志下》："不如西邻之瀹祭。"颜师古注："谓瀹煮新菜以祭。"《通俗文》："以汤煮物曰瀹。"《齐民要术·菹绿第七十九》中有"白瀹豚法"："绢袋盛豚，酢浆水煮之……急出之，及热以冷水沃豚……于盆中浸之。"加工方法是煮和浸泡皆有。

箦 zé

1. 用竹子或木条编成的床垫。《说文》："箦，床栈也。"《尔雅》："箦，谓之笫（zǐ）。"郭璞注："床板。"

2. 粗篾席，芦席。《史记·范睢蔡泽列传》："睢详（通'佯'）死，即卷以箦，置厕中。"司马贞索隐："箦，谓苇荻之薄也，用之以裹尸也。"

蚘 huí

同"蛔"，蛔虫，寄生于人体内造成疾病。《集韵》："蚘，人腹中长虫。"

驾 gē

野鹅，即鸿雁。《汉书·司马相如传上》："弋白鹄，连驾鹅。"

鵱 lù 鷜 lú

野鹅，即鸿雁。《尔雅》："鵱鷜，鹅。"郭璞注："今之野鹅。"

鹜 wù

家鸭。《尔雅》："舒凫，鹜。"郭璞注："鸭也。"又指野鸭。王勃《滕王阁序》："落霞与孤鹜齐飞，秋水共长天一色。"

鸗 lóng

野鸭，又指小鸟。

麛 mí

幼鹿。《尔雅》："鹿……其子麛。"《礼记·内则》："秋宜犊麛，膳膏腥。"陆德明释文："麛，鹿子也。"又指幼兽。《礼记·曲礼下》："士不取麛卵。"

蒤 tú

虎杖，又名"花斑竹根"。多年生草本，茎中空，表面有红紫色斑点。《尔雅》："蒤，虎杖。"郭璞注："似红草而粗大，有细棘，可以染赤。"

莼 chún

莼菜，亦名"水葵"，多年生水草，嫩叶可食用。《集韵》："莼，水葵。"《齐民要术·养鱼第六十一》："莼性易生，一种永得。"

茆 mǎo

1. 莼菜，又名"凫葵"。《说文》："茆，凫葵也。"《诗经·鲁颂·泮水》："薄采其茆。"
2. 草丛生；茂盛。《玉篇》："茆，茂盛貌。"《集韵》："茆，草丛生也。"

3. 通"茅"，茅草。

汋 zhuó

1. 激水声。《说文》："汋，激水声也。"《庄子·田子方》："夫水之于汋也，无为而才自然也。"王先谦集解："汋乃水之自然涌出，无所作为，唯其才之自然也。"

2. 人的体液。《释名》："汋，泽也。有润泽也。"

3. 通"瀹"，涮煮。《集韵》："内（同'纳'）肉及菜汤中薄出之。通作瀹、汋。"

痟 xiāo

1. 头痛。《说文》："痟，酸痟，头痛。"《周礼·天官·疾医》："春时有痟首疾。"郑玄注："痟，酸削也。首疾，头痛也。"孙诒让正义："谓春气不和，民感其气，则为痟痛而在首也。"

2. 消渴痛（糖尿病）。《玉篇》："痟，痟渴病也。"《广韵》："痟，渴病也。"

瓨 hóng

长身大腹的瓮坛。《说文》："瓨，似罂，长颈，受十升。"《广雅》："瓨，瓶也。"《史记·货殖列传》："醯酱千瓨。"裴骃集解引徐广："长颈罂。"（"瓨"自注音"胡双反"，旧又读 xiáng。）

儋 dān，dàn

一、读 dān

1. 同"担"，肩挑。《说文》："儋，何也。"段玉裁注："儋，俗作担。"

2. 儋州，地名，在今海南省。

二、读 dàn

成担货物的计量单位。《通雅·算数》："一石为石，两石为儋。故后人以儋呼石。"《史记·淮阴侯列传》："守儋石之禄者，阙卿相之位。"（"儋"自注音"丁滥反"。）

轺 yáo

1. 轻便小车，一般是单马独辕，上有盖，四面空敞可远望。《说文》："轺，小车也。"《释名》："轺，遥也，遥远也。四向远望之车也。"《国语·齐语》："服牛轺马，以周四方。"韦昭注："轺，马车也。"

2. 军车。《晋书·舆服志》："轺车，古之时军车也。一马曰轺车，二马曰轺传。"

3. 使者小车。《广韵》："轺，使车。"

噭 jiào，qiào

1. jiào，同"叫"，喊叫。《说文》："噭，呼也。"《广雅》："噭，鸣也。"《字汇》："噭，与'叫'同。"

2. qiào，动物的嘴。《集韵》："噭，口也。"《汉书·货殖传》："马蹄噭千。"颜师古注："蹄与口共千，则为马二百也。"（"噭"自注音"江钓反"。）

蘗 niè

1. 麦、豆等的芽。《说文》："蘗，牙米也。"段玉裁注："……牙米谓之蘗，犹伐木余谓之蘗。"

2. 酒曲；酿酒的曲。《广韵》："蘗，麴（简写为'曲'）蘗。"《吕氏春秋·仲冬纪》："乃命大酋，秫稻必齐，麴蘗必时。"

鲐 tái

1. 海鱼名，背青腹白，体侧上部有深蓝色波状条纹。《说文》："鲐，海鱼名。"段玉裁注："鲐，亦名侯鲐，即今之河豚也……"《正字通》："鲐，河豚别名。"

2. 代称老年人。《尔雅》："鲐背，寿也。"《释名》："九十曰鲐背，背有鲐文也。"

鮆 jì

1. 刀鱼。《说文》："鮆，饮而不食，刀鱼也。"《史记·货殖列传》："鲐鮆千斤。"张守节正义："鮆，刀鱼也。"

2. 鱼鲊，经过加工便于储藏的鱼类食品。《广雅》："鮆，鲝（鲊）也。"

鲍 zhé

干鱼。《玉篇》："鲍，盐渍鱼也。"《汉书·货殖传》："鲍鲍千钧。"颜师古注："鲍，脯鱼也，即今不著盐而干者也。"

脯 pò

1. 晒肉。《说文》："脯，薄脯，脯之屋上。"王筠句读："晾干肉也。"《释名》："脯，迫也。薄椓肉迫著物使燥也。"

2. 切成块的干肉。《广雅》："脯，脯也。"（"脯"自注音"普各反"。）

"脯"今读b6，有"赤脯"一词。又轻声bo，如"胳脯"一词。

膊 pò

同"脯"。《玉篇》："膊，同'脯'。"一般指剖开畜禽类的胸腹后掏去内脏。《齐民要术·炙法第八十》"膊炙豚法"："小形豚一头，膊开，去骨。"

鲌 yè

1. 盐渍鱼。《玉篇》："鲌，盐渍鱼也。"

2. 河豚。《集韵》："鲌，河豚。"（"鲌"自注音"于业反"。）

鮠 wéi

鮰鱼，似鲇（nián）鱼，无鳞，皮肤黏滑。（"鮠"自注音"五回反"。）

鳒 jiǎn

1. 鱼名。

2. 盐干鱼。《正字通》："鳒，鲌鱼，微用盐曰鳒。"《本草纲目》："鲍，即今之干鱼也……其以盐渍成者曰腌鱼，曰咸鱼，曰鲌鱼，曰鳒鱼，今俗通呼曰干鱼。"（"鳡"自注音"居偃反"。）

驵 zǎng

1. 壮马，骏马。《说文》："驵，牡（应为'壮'）马也。"《玉篇》："驵，骏马也。"

2. 马匹交易的经纪人。《说文》："驵，马蹲驵也。"《淮南子·氾论训》："段干木，晋国之大驵也，而为文侯师。"高诱注："驵，市侩也。"《后汉书·郭泰传》中此例李贤注："《说文》：'驵，会也。'谓合两家之卖买，如今之度市也。"慧琳《一切经音义》："驵，《考声》：'谓今之马行和市人也。'"（"驵"自注音"子朗反"。）

侩 kuài

1. 介绍买卖。徐锴《说文新附》："侩，合市也。"

2. 商人，买卖人。《史记·货殖列传》："子贷金钱千贯，节驵会。"裴骃集解引徐广："驵，马侩也。"《汉书·货殖传》："节驵侩。"颜师古注："侩者合会二家交易者也。驵者，其首率也。"《新唐书·高骈传》："世为商侩，往来广陵。"（"侩"自注音"工外反"。）

壄 yě

田野。今简化写作"野"。《玉篇》："壄，古文'野'。"

踆 qūn，zūn

1. qūn，行走的样子。《字汇补》："踆，行走貌。"杜甫《奉赠韦左丞丈二十二韵》："焉能心怏怏，只是走踆踆。"仇兆鳌注："踆踆，行走貌。"

2. zūn，蹲。《集韵》："踆，蹲也。"《淮南子·精神训》："日中有踆乌。"高诱注："踆，犹蹲也。谓三足乌。"《汉书·货殖传》："下有踆鸱，至死不饥。"颜师古注："踆鸱，谓芋也。"

渗 shèn

1. 液体慢慢透入或漏出。《说文》："渗，下漉也。"《齐民要术·涂瓮第六十三》："泻热脂于瓮中，回转浊流，极令周匝；脂不复渗，乃止。"（"渗"自注音"所荫切"。）

2. 水干涸。《广雅》："渗，尽也。"

焚 fén

同"焚"，烧。《集韵》："焚，火灼物也。或作'焚'。"《论衡·雷虚》："中身则皮肤灼焚。"指身遭雷击。《齐民要术·造神曲并酒第六十四》："杀热火焚。"

帊 pà

1. 两幅宽的帛。《说文新附》："帊，帛三幅曰帊。"郑珍考证："三者二之误。"

2. 头巾；手帕。《广雅》："帊，襆也。"《三国志·魏志·王粲传》："棋者不信，以帊盖局，使更以他局为之。"

3. 覆盖物品的巾。又指覆盖。《齐民要术·造神曲并酒第六十四》："布帊盛，高屋厨上晒经一日……"

酘 dòu

1. 酒再酿。《广韵》："酘，酘酒。"《齐民要术·造神曲并酒第六十四》："冬酿，六七酘，春作，八九酘。"

2. 投放。《齐民要术·造神曲并酒第六十四》："第一酘，米三斗；停一宿，酘米五斗；又停再宿，酘米一石。"

3. 古人认为饮酒过多，次日须再饮才身适，因称酒后再饮叫"酘"。"酘"古音又读tóu。

馈 fēn

蒸饭，煮米半熟用箕滤出再蒸熟。《玉篇》："馈，半蒸饭也。"《释名》："馈，分也，象粒各自分也。"《尔雅》："馈，馏稔也。"郭璞注："馈熟为馏。"《齐民要术·造神曲并酒第六十四》："纯作沃馈，酒便钝。"

杙 yì

1. 古书上说的树，果实似梨，味酸甜，核坚实，又叫"刘"。《说文》："杙，刘，刘杙。"《齐民要术》卷十《刘二四》引《尔雅》："刘，刘杙。"
2. 小木桩或短而尖的木橛。《齐民要术·造神曲并酒第六十四》："以杙刺作孔。"

醪 láo

1. 汁渣混合的酒，即浊酒，也叫醪糟。一般是糯米酿的酒。《说文》："醪，汁滓酒也。"徐灏注笺："醪与醴皆汁滓相将，醴一宿孰（熟），味至薄；醪则醇酒，味甜。"《齐民要术·白醪曲第六十五》中有"作白醪曲法""酿白醪法"。
2. 酒的总称。《广雅》："醪，酒也。"

醅 pēi

1. 醉饱。《说文》："醅，醉饱也。"
2. 未过滤的酒。《广韵》："醅，酒未漉也。"此指带糟未经压榨的酒。杜甫《客至》："樽酒家贫只旧醅。"《齐民要术·造神曲并酒第六十四》："此酒合醅饮之可也。"

䅓 juān

同"稍"，稻麦的茎。《集韵》："稍，《说文》：'麦茎。'或作'䅓'。"《齐民要术·造神曲并酒第六十四》："又以麦䅓覆之。""先以麦䅓布地。"

簷 yán

同"檐"。《释名》："簷，檐也。接檐屋前后也。"《玉篇》："簷与檐同。"《齐民要术·造神曲并酒第六十四》："唯连簷草屋中居之为佳。"

蘧 qú

1. 蘧蔬，即茭白的嫩薹。《尔雅》："出隧，蘧蔬。"郭璞注："蘧蔬，似土菌，生菰草中。"见《齐民要术》卷十《蘧蔬七九》。

2. 蘧蔬（chú），即"籧篨"，用竹篾、芦苇编的粗席。《说文》："籧篨，粗竹席也。"《玉篇》："籧篨，竹席也。"《淮南子·本经训》："若簟籧篨。"高诱注："籧篨，苇席。"《齐民要术·白醪曲第六十五》："箔上安蘧蔬。"此指粗篾席。又《作豉法第七十二》："以蘧蔬蔽窖。"

汛 xùn

1. 洒水。《说文》："汛，洒也。"
2. 有季节性的涨水。引申为等到一定时间。《齐民要术·白醪曲第六十五》："热着酒中为汛……汛米消散，酒中备矣。"

镬 huò

1. 无足的鼎，用以煮肉。《淮南子·说山训》："尝一脔肉，知一镬之味。"高诱注："有足曰鼎，无足曰镬。"又指烹人的刑器。《史记·廉颇蔺相如列传》："臣请就汤镬。"《汉书·刑法志》："有凿颠、抽肋、镬亨（烹）之刑。"颜师古注："鼎大而无足曰镬，以煮人也。"
2. 锅。《洪武正韵》："镬，釜属，锅也。"《齐民要术·笨曲并酒第六十六》："用小麦不虫者，于大镬釜中炒之。"

酴 tú

1. 酒曲。《说文》："酴，酒母也。"
2. 酒名，俗称"酒酿"。《玉篇》："酴，麦酒不去滓饮也。"《广雅》："酴，酒也。"《齐民要术·笨曲并酒第六十六》中有"蜀人作酴酒法"。

俦 chóu

1. 伴侣。《玉篇》："俦，侣也。"
2. 同类。《字汇》："俦，众也。"《楚辞》王逸注："二人为匹，四人为俦。"《齐民要术·笨曲并酒第六十六》："非黍、秫之俦也。"
3. 相比。《字汇》："俦，等也。"

酎 zhòu

经过多次反复酿成的酒。《说文》："酎，三重醇酒也。"《左传·襄公二十二年》："见于尝酎，以执燔焉。"杜预注："酒之新熟重者为酎。"《齐民要术·笨曲并酒第六十六》中有"穄米酎法""黍米酎法"。

醖 yùn

1. 酿酒。《说文》："醖，酿也。"《玉篇》："醖，酿酒也。"
2. 再酿。《广雅》："醖，酘也。"《六书故》："醖，酿之久也。"《齐民要术·笨曲并酒第六十六》："魏武帝上九醖法……""醖"今简化写作"酝"。

酳 juān

1. 滤酒。《说文》："酳，釃（lì）酒也。"段玉裁注："《玉篇》曰：'以孔下酒也。'按：谓涓涓而下也。"
2. 同"甀（juān）"，瓮底边上开孔以过滤米酒。《玉篇》："甀，瓮底孔，下取酒也。"《集韵》："甀，盎下窍。"《齐民要术·笨曲并酒第六十六》"作粟米炉酒法"："酳出者，歇而不美。"又《作酢法第七十一》："卧于酳瓮中……酳孔中下之。"

酃 líng

1. 古县名。《说文》："酃，长沙县。"故城在今湖南省衡阳东。
2. 湖名，今写作零湖，在湖南省衡阳。
3. 酒名。潘岳《笙赋》："披黄包以授甘，倾缥瓷以酌酃。"《齐民要术·笨曲并酒第六十六》中有"作酃酒法"。（"酃"自注音"卢丁反"。）

箬 ruò

1. 竹皮。《说文》："箬，楚谓竹皮曰箬。"段玉裁注："今俗云笋、籜（tuò）、箬是也。"
2. 一种竹子，叶大而宽，可用来包粽子、做斗笠等。《玉篇》："箬，竹大叶。"

橝 shěn

木名。《广韵》："橝，木名。《山海经》云：煮其汁，味甘，可为酒。"《齐民要术·笨曲并酒第六十六》中有"作橝酒法"，用花叶汁酿酒。

柂 yí，lí

1. yí，椴树，似白杨，落叶乔木。《尔雅》："椴，柂。"

2. lí，柯柂，一种酒名。《集韵》："柂，柯柂，酒名。"《齐民要术·笨曲并酒第六十六》篇中有"柯柂酒法"。（"柂"自注音"良知反"。）

硙 wèi，ái

一、读 wèi

石磨，研碎谷物的用具。《说文》："硙，磨也。古者公输班作硙。"玄应《一切经音义》卷十四："舂磨，郭璞注《方言》云硙即磨也……北土名也，江南呼磨也。"《六书故》："硙，合两石琢其中为齿相切以磨物曰硙。"引申为磨碎。《太玄·疑》："阴阳相硙。"宋衷注："物相切磨曰硙。"《齐民要术·法酒第六十七》："别硙之令细。"又《作酢法第七十一》："用石硙子辣（là，磨压；碾）谷令破。"

二、读 ái

1. 高。《集韵》："硙，硙硙，高貌。"

2. 坚硬。《方言》："硙，坚也。"《玉篇》："硙，坚石也。"

颺 yáng

1. 飞扬，飘扬。《说文》："颺，风所飞扬也。"《玉篇》："颺，风飞。"

2. 簸去谷物糠秕。《正字通》："颺，簸扬，扬去康秕也。"《齐民要术·黄衣、黄蒸及糱第六十八》："齐人喜当风颺去黄衣。"又写作"扬"。《作酢法第七十一》："勿扬簸。"《作豉法第七十二》："净扬簸。"

铔 shēng

铁锈。《玉篇》："铔，镞也。"《集韵》："铔，铁衣也。"

镞 shòu，sōu

一、读 shòu
1. 锋利。《说文》："镞，利也。"
2. 锈。《集韵》："镞，镞锈，铁上衣。"
二、读 sōu
刻镂。《广韵》："镞，刻镂。"《集韵》："镞，彫（今写作'雕'）也。"

蒚 jú

菜名，种子可做香料。《广雅》："蒚子，菜也。"《集韵》："蒚，草名。"《广志》："蒚，生可食，一曰马芹。"《齐民要术·作酱等法第七十》："日曝白盐、黄蒸、草蒚，麦曲，令极干燥。"（"蒚"自注音"居恤反"。）

葰 ruí

1. 花草等纷披下垂。《说文》："葰，草木华垂貌。"引申为凋萎。《史记·司马相如列传》："纷纶葳葰。"司马贞索隐："葳葰，委顿也。"《齐民要术·作酱等法第七十》引农谚："萎葰葵，日干酱。"此指日中晒的酱和萎黄的葵做成的葵菹都是可口的菜。
2. 下垂的装饰物。《礼记·杂记上》："大白冠，缁布之冠皆不葰。"孔颖达疏："二冠无饰，故皆不葰。"

坩 gān

陶器名。《集韵》："坩，土器也。"《齐民要术·作酱等法第七十》："令坩中才容酱瓶。"此指封闭的炉膛。

鲭 zhēng，qīng

1. zhēng，肉和鱼的杂烩。《正字通》："鲭，煎和之名。"《西京杂记》："娄护丰辩，传食五侯间，各得其欢心，竞致奇膳，护乃合以为鲭，世称五侯鲭，以为奇味焉。"

2. qīng，青鱼。《玉篇》："鲭，鱼名。"《正字通》："鲭，鱼名……南人以作鲊。"

鳢 lǐ

鳢鱼，又名黑鱼，古时亦称鲖（tóng）鱼，可用以加工制作鱼酱。

鲚 jì

鲚鱼，身体侧扁、尾长，为名贵的经济鱼类。

脍 kuài

细切的肉、鱼。《说文》："脍，细切肉也。"《礼记·内则》："肉腥细者为脍。"《汉书·东方朔传》："生肉为脍。"《论语·乡党》："食不厌精，脍不厌细。"《齐民要术·作酱等法第七十》："如脍法，披破，缕切之。"

糁 sǎn

以米和羹，用米掺在肉菜中制成的食品。《周礼·天官·醢人》"糁食"郑玄注："糁，取牛、羊、豕之肉，三如一，小切之，与稻米二、肉一，合以为饵，煎之。"

脡 shān

生肉酱。《说文》："脡，生肉酱也。"《释名》："生脡，以一分脍二分细切，合和挺（shān）搅之也。"《齐民要术·作酱等法第七十》中有"作燥脡法""生脡法"。（"脡"自注音"丑延切"。）

鬻 chǎo

同"炒"，把食料放于锅中翻拨，使熟或干。《玉篇》："鬻，熬也。"《四民月令》："（正月）上旬鬻豆，中旬煮之，以碎豆作末都。"（"鬻"自注音"楚狡切"。）

鱁 zhú 鮧 yí

酱名，鱼的内脏腌制的食品。

鲹 shā

1. 同"鲨"，也称"鲛"。《说文》："鲹，鱼名。"徐锴系传："今沙鱼。皮有珠文，可饰刀剑把，皮亦可食。"《玉篇》："鲹，鲛鱼。"
2. 一种淡水吹沙小鱼，俗称呵浪鱼。

鲻 zī

鱼名。头平扁、体长，吻宽而短，为池鱼之最。

栲 kǎo

1. 木名，山樗（chū），俗称野鸦椿。《尔雅》："栲，山樗。"郭璞注："栲，似樗，色小白，生山中，因名云，亦类漆树。"《本草纲目》："香者名椿，臭者名樗，山樗名栲。"
2. 栲栳（lǎo），用柳条或竹篾编成的圆形盛物器，也称笆斗。《集韵》："栳，栲栳，柳器。"《齐民要术·作酢法第七十一》："量饭着盆中或栲栳中，然后泻饭着瓮中。"

醭 bú

醋、酱油等因败坏在表面生出的白色霉菌；又指物件受潮而出现霉斑。《玉篇》："醭，醋生白。"《集韵》："醭，酒上白。"梅尧臣《梅雨》："湿菌生枯篱，润气醲素裳。"《齐民要术·作酢法第七十一》："不搅则生白醭，生白醭则不好。""醭"旧读 pú。

煿 bó

煎炒或烘干食物。也作"爆"。《玉篇》："煿，灼也。"《集韵》："爆，火干也，或作'煿'。"《齐民要术·作酢法第七十一》："有薄饼缘诸曲饼，但是烧煿者，皆得投之。"

篘 chōu

竹篾编织的滤酒用具，又称酒笼。《齐民要术·作酢法第七十一》："先内荆、竹篘于瓮中，然后下糠、糟于篘外……"

塸 gāng

同"缸"。《玉篇》："塸，器也。"《广韵》："塸，甀（今写作'瓮'）也。"《齐民要术·作酢法第七十一》"作小麦苦酒法"："小麦三斗，饮令熟，着塸中，以布密封其口。"王祯《农书》卷十六："塸碓，以塸作碓臼也……"

汦 jǐ

1. 过滤。《周礼·天官·酒正》："辨四饮之物，一曰清。"郑玄注："清，谓醴之汦者。"孙诒让正义："凡汦皆谓去汁滓。"《齐民要术·作酢法第七十一》"水苦酒法"："女曲、粗米、各二斗，清水一石，渍之一宿，汦取汁。"

2. 挤出。《黑鞑事略》："马之初乳，日则听其驹之食，夜则聚之以汦，贮以革器。"徐霆疏证："霆尝见其日中汦马奶矣……汦之之法，先令驹子啜教乳路来，即赶了驹子，人即用手汦下皮桶中。"

荽 suī

同"葰"，芫荽。《玉篇》："荽，同'葰'。"《广韵》："荽，胡荽，香菜。"《博物志》："张骞西域得胡荽。"石虎《邺中记》："石勒改胡荽为香荽。"《齐民要术·作酢法第七十一》"外国苦酒法"："蜜一升，水三合，封着器中；与少胡菱子着中，以辟，得不生虫。"

牖 yǒu

木窗。《说文》："牖，穿壁以木为交窗也。"段玉裁注："交窗者，以木横直为之，即今之窗也。在墙曰牖，在屋曰窗。"《齐民要术·作豉法第七十二》："密泥塞屋牖，无令风及虫鼠入也。"

枚 xiān

一种农具，多用木或铁制成。木制的多用于拌撒肥料或取扬谷物；铁制的多用于铲土。后写作"锨"。《玉篇》："枚，耕土具，锨属。"《齐民要术·作豉法第七十二》："以杷枚略取堆里冷豆为新堆之心，以次更略，乃至于尽。"

陀 tuó

陂（pō）陀，倾斜不平。《释名》："山旁曰陂。"《玉篇》："陂，陂陀，险阻也。"《齐民要术·作豉法第七十二》："勿令婆陀。""婆陀"即"陂陀"。

埳 kǎn

同"坎"，坑。《玉篇》："埳，陷也。与'坎'同。"《齐民要术·作豉法第七十二》："掘地作埳。"

燠 yù

1. 热，暖。《说文》："燠，热在中也。"《集韵》："燠，热也。"《尔雅》："燠，煖（暖）也。"《诗经·唐风·无衣》："不如子之衣，安且燠也。"《齐民要术·作豉法第七十二》："于蘘粪中燠之。"
2. 同"熬"，一种烹调方法。《齐民要术·蒸缹法第七十七》："恣意饱食，亦不饧（yuàn），乃胜燠肉。""燠"字又写作"奥"。"燠肉"即"奥肉"，一种油煮或油渍过的极油腻的肉。又《作脟奥糟苞第八十一》有"作奥肉法"。"燠"古音又读 ào。

灼 zhuó

1. 灸。《说文》："灼，灸也。"
2. 烧。《字汇》："灼，烧也。"《齐民要术·八和齑第七十三》："又辛气荤灼。"即熏灼。

㳠 zhǎ

1. 湿；滴水。
2. 同"煠（zhá）"，一种烹调方法。《通俗编》："今以食物纳油及汤中一沸而出曰煠。"《广雅》："㳠，瀹也。"《齐民要术·八和齑第七十三》："（蒜）未尝渡水者，宜以鱼眼汤㳠半许半生用。"（"㳠"自注音"银洽反"。）

熇 hè

1. 火热，火势大。《说文》："熇，火热也。"也指烧。《玉篇》："熇，炽也，烧也。"
2. 同"烤"，用火烘干或熟。《集韵》："熇，燥也。"《齐民要术·八和齑第七十三》引《食经》"作芥酱法"："微火上搅之，少熇。"《作菹藏生菜法第八十八》引《食经》"徐肃藏瓜法"："取越瓜细者……拭之，小阴干熇之，仍内着盆中。"又卷十《杨梅二九》引《食经》"藏杨梅法"："仍出曝令干熇。"此指日晒。

脔 luán

1. 把肉切成块状。《说文》："脔，切肉也。"《正字通》："脔，块割也。"《齐民要术·作鱼鲊第七十四》："取新鲤鱼，去鳞讫则脔。"
2. 肉块。《淮南子·说林训》："尝一脔肉，而知一镬之味。"

迮 zé

1. 迫；逼迫。《玉篇》："迮，迫也。"《后汉书·陈忠传》："邻舍比里，共相压迮。"

2. 压榨。《通雅》："迕，压也。"《齐民要术·作鱼鲊第七十四》："盛着笼中，平板石上迕去水。世名'逐水'"；"不复需水浸，镇迕之事。"

箬 ruò

1. 竹名。同"箬"。《集韵》："箬或作箬。"箬竹叶宽大，可编笠帽或包粽子。

2. 笋名。《笋谱》："笋，一名箬竹。土内皮中谓之箬也。"

胜 zhēng

煎煮鱼肉。《集韵》："煮鱼煎肉曰胜。"《广韵》："鲭（zhēng），煮鱼煎食曰五侯鲭。胜同鲭。"《齐民要术·作鱼鲊第七十四》："酒食俱入，酥涂火炙特精，胜之尤美也。"又《胜脂煎消法第七十八》中有"五侯胜法"。

瘃 zhú

1. 冻疮。《说文》："瘃，中寒肿核。"《字汇》："瘃，手足冻疮。"《汉书·赵充国传》："将军士寒，手足皲瘃。"

2. 受冻，冻干。《齐民要术·脯腊第七十五》："腊月中作条者，名曰'瘃脯'。"又《煮胶第九十》："寒则冻瘃，合（应"令"字）胶不黏。"

樗 chū

1. 木名，臭椿树，根皮可入药。《说文》："樗，木也。"段玉裁注："樗，樗木也，今之臭椿树是也。"

2. 樗蒲戏的简称。《齐民要术·脯腊第七十五》："杖尖头作樗蒲之形。"

刳 kū

1. 剖开；杀。《说文》："刳，判也。"《广雅》："刳，屠也。"

2. 挖空，掏去。《玉篇》："刳，空物肠也。"《易经·系辞下》："刳木为舟。"《齐民要术·脯腊第七十五》："生刳取五脏，酸醋浸食之。"

煻 táng

1. 灰火，热灰。煻灰即带火的灰。《龙龛手鉴》："煻，灰火也。"《本草纲目·食盐》："崔中丞炼盐黑丸方……初以煻火烧，渐渐加炭火，勿令瓶破。"
2. 用灰中的火慢慢烘烤。

爊 āo

把食物埋在灰火中煨熟。又指用文火慢慢烘烤。《玉篇》："爊，温也。"《集韵》："爊，煨也。"《齐民要术·脯腊第七十五》："其鱼草裹泥封，煻灰中爊之。"（"爊"自注音"乌刀切"。）

鸧 cāng

1. 鸟名。《说文》："鸧，麋鸹也。"鸧鹒（gēng）即黄鹂鸟。
2. 传说中的九头怪鸟。又名奇鸧、逆鸧。

鸨 bǎo

同"鸨"，似雁而大。《玉篇》："鸨，性不止树。"《龙龛手鉴》："鸨同鸨。"

鱯 hù

鮰鱼，似鲇鱼而大。《本草纲目》："北人呼鱯，南人呼鮠。并与鮰音相近。"（"鱯"自注音"胡化反"。）

鲏 pī

1. 鱼名。《说文》："鲏，鱼名。"
2. 剖开鱼。《集韵》："鲏，破鱼。"《齐民要术·脯腊第七十五》："破腹做鲏。"此指将鱼剖为两半片。

合 hé，gě

1. hé，合拢，闭。《说文》："合，合口也。"引申义多。
2. gě，容量单位，今一升的十分之一。《汉书·律历志上》："十合为升。"
《孙子算经》卷上："十勺为一合。"

琢 zhuó

1. 加工玉石。《尔雅》"玉谓之琢，石谓之磨。"《说文》："琢，治玉也。"
《诗经·卫风·淇奥》："如切如磋，如琢如磨。"毛传："治骨曰切，象曰磋，玉
曰琢，石曰磨。"
2. 砍，剁。《齐民要术·羹臛法第七十六》："切肉琢骨。"

簎 gě

竹笋；或用盐腌制的笋干。《广韵》："簎，笋簎，出南中。"亦写作"箇"。
《集韵》："簎，或作箇。"《齐民要术·羹臛法第七十六》中有"笋簎鸭羹""笋
簎鱼羹"。（"簎"自注音"古可切"。）

脤 sǔn

熟肉切了后再煮。《玉篇》："脤，切肉也。"《广韵》："脤，切熟肉更煮
也。"《齐民要术·羹臛法第七十六》引《食经》"肺脤法"："羊肺一具，煮令
熟，细切……生姜煮之。"（"脤"自注音"苏本切"。）

肶 pí

同"膍（pí）"，反刍类动物的重瓣胃，俗称"百叶"。《说文》："膍，牛百
叶也，一曰鸟膍胵（zhì）。"《正字通》："膍，俗谓牛肚。"《齐民要术·羹臛法
第七十六》引《食经》"羊节解法"："羊肶一枚……煮之，令半熟……以向熟羊
肶投臛里，更煮，得两沸便熟。"

芼 mào

1. 草铺地蔓延。《说文》："芼，草覆蔓。"段玉裁注："覆地蔓延。"

2. 拔，采。《尔雅》："芼，搴（qiān）也。"郭璞注："谓拔取菜。"《广雅》："芼，取也。"

3. 在羹里加菜或用菜拌和。《礼记·内则》："芼羹菽麦。"郑玄注："芼，菜也。"孔颖达疏："芼菜者……是芼乃为菜也，用菜杂肉为羹。"《齐民要术·羹臛法第七十六》："芼羹之菜，莼为第一……冬用荠叶以芼之。"

芮 ruì

1. 芮芮，草初生柔细的样子。《说文》："芮，芮芮，草生貌。"

2. 小；柔软。《齐民要术·羹臛法第七十六》："秋夏可畦种芮菘、芜菁叶。"

扨 nǐ, ní

一、读 nǐ

1. 停止。《广雅》："扨，止也。"

2. 以手指出物件。《集韵》："扨，手指物。"

二、读 ní

研；细磨。《集韵》："扨，研也。"《齐民要术·羹臛法第七十六》："勿以杓扨，扨则羹浊，过不清。"

醶 gàn

咸；苦。《玉篇》："醶，咸也。"《齐民要术·羹臛法第七十六》："勿令过黑，黑则醶苦。"

隽 juàn

1. 鸟肉肥美，味道好。《说文》："隽，肥肉也。"《汉书·蒯通传》："通论战国时说士权变，亦自序其说，凡八十一首，号曰隽永。"颜师古注："隽，肥肉也。言其所论甘美而深长也。"古代用鸡鸭鹅等禽类所烹肥美羹肴，食后回味悠长，即言"隽"，逐渐代称为肥美之肉。又引申为言语、诗文等意味深长，今有"隽永"一词。《齐民要术·羹臛法第七十六》："多则加之，益羹清隽甜美。"

2. 地名。《后汉书·马援传》："军次下隽。"李贤注："下隽，县名，属长沙国，故城今辰州沅陵县。"《齐民要术》卷十《竹五一》："下隽县有竹。"

3. 同"俊"，又写作"儁"。《齐民要术·笨曲并酒第六十六》："轻儁遒（qiú）爽，超然独异。"

茙 hé

1. 草名。《玉篇》："茙，草名。"
2. 同"莫"，指植物酸模。《字汇补》："茙，与'莫'同。"《诗经·魏风·汾沮洳（rù）》："言采其莫。"《齐民要术·羹臛法第七十六》引《食经》"菰菌鱼羹"："与鱼、菌、茙、糁、葱、豉。"酸模加在鱼蕈（xùn）羹中增加美味。

脸 liǎn

1. 两颊。《集韵》："脸，颊也。"《正字通》："脸，面脸，目下颊上也。"
2. 羹类食品。《玉篇》："脸，臛也。"玄应《一切经音义》卷十五《僧祇经》"令脸"，注："脸，生血也。""生血"即指红色的血。（"脸"自注音"力减切"。）

臕 chǎn

细长的肠；猪肠做的肉羹。《玉篇》："臕，脸臕，羹也。"《集韵》：臕，脸臕，以猪肠屑椒芥醢盐为之。"《齐民要术·羹臛法第七十六》："脸臕，用猪肠经汤，出三寸断之，决破切细。"（"臕"自注音"初减切"。）

炙 zhì

同"炙"，烤。《字汇》："炙，同'炙'。"韩愈《刘生》："美酒倾水炙肥牛。"《齐民要术·羹臛法第七十六》："鳢鱼汤：炙，用大鳢，一尺已下不合用。"

鮀 tuó

同"鲶",鲇鱼,身体无鱼鳞,多黏液。《说文》:"鲶,鲇也。"《正字通》:"鮀,俗鲶字。"《齐民要术·羹臛法第七十六》中有"鮀臛"。

焊 xún

1. 古代祭祀将用肉放入热水中使之半熟;也泛指煮肉。《集韵》:"焊,沉肉于汤也。"《梦溪笔记·辩证》:"祭礼有腥、焊、熟三献。"

2. 把已宰杀的猪、鸭、鸡等用热水烫后去掉毛。《龙龛手鉴》:"焊,以汤沃毛令脱。"《齐民要术·羹臛法第七十六》"鮀臛":"汤焊去腹中,净洗。"("焊"自注音"徐廉切",古音又读 qián 或 xián。)

淡 dàn

1. 稀薄。

2. 同"腅(dàn)",肉或肴。《广雅》:"腅,肉也。"《玉篇》:"腅,肴也。"或同音借字。《齐民要术·羹臛法第七十六》中"椹淡"是以肉为食料制作的。

损 sǔn

同"膒",把切了的熟肉放在血中拌和成肉羹。《说文》:"膒,切孰(熟)肉内(纳)于血中和也。"《广雅》:"膒,臛也。"《齐民要术·羹臛法第七十六》"损肾"是用牛羊百叶为食料制作的。

魚 fǒu

煮。《玉篇》:"魚,火熟也。"《集韵》:"魚,或作魚。"玄应《一切经音义》卷十七:"魚煮,《字书》:'少汁煮曰魚,火熟曰煮。'"《齐民要术·蒸魚法第七十七》:"魚猪肉法……下水魚之。"("魚"自注音"方九切"。)

肫 zhūn

1. 面颊。《说文》："肫，面頯（kuí，颧骨）也。"朱骏声通训定声："肫，俗谓之两颊。"《集韵》："肫，颐也。"

2. 禽类的胃。《玉篇》："肫，鸟藏也。"《六书故》："鸟胃为肫。"

3. 同"豚"，小猪，仔猪。《晋书·阮籍传》："及将葬，食一蒸肫，饮酒二斗。"《齐民要术·蒸缹法第七十七》"蒸肫法"："好肥肫一头，净洗垢，煮令半熟……"

饲 yuàn

饱，厌腻。《说文》："饲，猒（yàn，同'厌'）也。"段玉裁注："贾思勰《齐民要术》曰'食饱不饲'。按，猒饱也。饲则有猒弃之意，皆猒中之义也。"《广韵》："饲，餍饱。"《齐民要术·蒸缹法第七十七》："恣意饱食，亦不饲，乃胜燠肉。"（"饲"自注音"乌县切"。）

涑 sù，shù

1. sù，涑水，水名，在今山西省。

2. shù，洗涤；用水冲洗。《说文》："涑，涤也。"段玉裁注："涑，亦假漱（shù）为之。《公羊传》：'临民之所漱浣也。'何晏曰：'无垢加工曰漱，去垢曰浣。'"《玉篇》："涑，与漱同。"《齐民要术·蒸缹法第七十七》"缹豚法"："肥豚一头十五斤……豉汁涑馈，作糁，令用酱清调味。""涑"同"漱"，此指猪肉煮熟再加调料、液汁等拌和在馈饭中。

炮 páo

一种烹调方法，旧指把带毛的肉用泥裹住放在火上烧烤。《说文》："炮，毛炙肉也。"段玉裁注："毛炙肉，谓肉不去毛炙之也。"《广韵》："炮，合毛炙物也，一曰裹物烧。"泛指烧烤食物。《齐民要术·蒸缹法第七十七》有"胡炮肉法"："以切肉脂内于肚中，以向满为限，缝合…内肚着坑中，还以灰火覆之，于上更燃火…"此指将肉和调料裹在羊肚中用热燖灰加火重新烧烤，与"裹烧"的"炮"相似。今又指以旺火速炒的烹调方法，读音为 bāo。有武器装置类今简化为"炮"字，读音为 pào。（"炮"自注音"普教切"。）

簪 zān

1. 缝衣针。《广韵》："簪，所以缀衣。"
2. 同"簪"，别住发髻的条状物。《字汇》："簪，又与簪同。"
3. 缀，插。《玉篇》："簪，以针簪物。"《集韵》："簪，缀也。"《齐民要术·蒸魚法第七十七》"裹蒸生鱼"："复以掺屈牖簪之。"又《作菹藏生菜法八十八》："以簪置杯旁。"即用签子串插鱼片。（"簪"自注音"祖咸反"。）

褚 zhě，zhǔ

一、读 zhě

同"褚（zhě）"，古代对士兵的称呼。《说文》："褚，卒也。"徐灏注笺："卒谓之褚者，因其著赭衣而名之也。"《方言》卷三："楚、东海之间，卒谓之弩父，或谓之褚。"郭璞注："言衣赤也，褚音赭。"

二、读 zhǔ 同"褚（zhǔ）"

1. 用丝绵装衣；棉衣。《玉篇》："褚，装衣也。"指在衣里装棉絮。朱弁《送春》诗："三月人犹恋褚衣。"《齐民要术·蒸魚法第七十七》"裹蒸生鱼"："开箬，褚边奠上。""褚"指将打开后的箬叶折叠进去。

2. 通"贮"，储藏。《左传·襄公三十年》："取我衣冠而褚之。"杜预注："褚，畜（蓄）也。""褚"作为姓氏用字时，读音为 chǔ。

鳊 biān

鱼名，鳊鱼。《集韵》："鳊，鱼名，似鲂，或从宾。"段成式《酉阳杂俎》："炙肉，鳊鱼第一。"徐珂《清稗类钞》："鳊，古谓之鲂，体广而扁，头尾皆尖小，细鳞，产于淡水，可食。"《齐民要术·蒸魚法第七十七》"毛蒸鱼菜"："白鱼、鳊鱼最上。"

腤 ān

古代用盐、豉、葱与肉类同煮的一种烹调方法。《玉篇》："腤，煮鱼肉。"《集韵》："腤，煮也。"《齐民要术·胚腤煎消法第七十八》："胚鱼鲊法……腤两沸，下鲊。"此烹调法是将鱼和肉煮熟后，另外加汤就叫腤。腤一般用一种配料。《齐民要术》中有腤鸡、腤白肉、腤猪、腤鱼等。

消 xiāo

1. 消除。《说文》："消，尽也。"《广雅》："消，减也。"引申义多。
2. 消渴病，即糖尿病。《释名》："消渴，渴也。肾气不周于胸胃中，津润消渴，故欲得水也。"《正字通》："消，又消渴病。"
3. 古代烹饪术语，把肉剁碎后加油炒。也指用这种方法做出的菜肴，犹今之"炸酱"。《齐民要术·胚腤煎消法第七十八》中有"勒鸭消"。"消"或写作"肖"，《菹绿第七十九》有"菹肖法"。

怗 tiē

1. 平安；平服。《玉篇》："怗，服也。"《广韵》："怗，安也。"
2. 通"帖"或"贴"。《齐民要术·胚腤煎消法第七十八》引《食经》"胚鲊法"："浑用豉。奠讫，以鸡子、豉怗。"

揲 shé

同"揲"（shé）。唐人避讳"世"字而改。即按定数更迭数物，分成等分。古代多用于数蓍（shī）草占卜吉凶。《说文》："揲，阅持也。"段玉裁注："阅者，具数也，更迭数之也……阅持者，既得其数而持之……"《玉篇》："揲，数蓍也。"《儒林外史》第三十五回："揲了一个蓍，筮得'天山遁'。"《齐民要术·胚腤煎消法第七十八》"五侯胚法"："用食板零揲，杂鲊、肉，合水煮，如作羹法。""零揲"指零择多种作成"杂烩"式的食料。

绿 lǜ, lù

一、读 lǜ
1. 绿色。《说文》："绿，帛青黄色也。"《广韵》："绿，青黄色。"
2. 乌黑色，多形容鬓发。李白《古风五十九首》："中有绿发翁，拂云卧松雪。"
二、读 lù
1. 帝王受命的符录。后写作"箓"。《墨子·非攻下》："河出绿图，地出乘黄。"《吕氏春秋·观表》："圣人上知千岁，下知千岁，非意之也，盖有自云也。绿图幡簿，从此生矣。"

2. 通"菉"，王刍，一种野菜。《诗经·小雅·采绿》："终朝采绿，不盈一掬。"郑玄笺："绿，王刍也，易得之菜也。"

3. 切肉。《齐民要术·菹绿第七十九》有"绿肉法"："……切肉名曰绿肉。"这是将肉切成小块后再加工的方法。

撏 xún

1. 摘取。《集韵》："撏，摘也。"

2. 同"燅（xún）"，把已宰杀的畜禽用热水烫后去毛。《说文》："燅，于汤中爁肉。"《齐民要术·菹绿第七十九》："撏肫令净罢。若有粗毛，镊子拔却。"又《炙法第八十》："撏治一如煮法。""撏"字旧又读为 xián。

腩 nǎn

1. 干肉。《广雅》："腩，脯也。"

2. 煮肉。《玉篇》："腩，煮肉也。"

3. 牛肚子上的松软肌肉或用以做成的菜肴。

4. 用调味品浸渍肉类。《齐民要术·炙法第八十》："肝炙……亦以葱、盐、豉汁腩之。"（"腩"自注音"奴感切"。）

撒 sān

畜禽类动物的脂肪。《齐民要术·炙法第八十》"肝炙"："以羊络肚撒脂裹，横穿炙之。"（"撒"自注音"素干反"。）

胘 xián

牛的重瓣胃。《说文》："胘，牛百叶也。"段玉裁注："李时珍云胘即胃之厚处……"《通俗文》："有角曰胘，无角曰肚。"《齐民要术·炙法第八十》"牛胘炙"："老牛胘，厚而脆。"又指胃或胃部的厚肉。《广雅》："胃谓之胘。"《集韵》："胘，胃之厚肉为胘。"

弗 chǎn

烤肉用的竹签或铁扦。《集韵》："弗，燔肉器。"韩愈《赠张籍》诗："试将诗义授，如以肉贯弗。"引申为贯穿肉。《齐民要术·炙法第八十》"膊炙豚法"："以竹弗弗之，相去二寸下弗。""弗"有时也写作"划"。

肶 xiàn

1. 吃肉不满足。《说文》："肶，食肉不厌也。"段玉裁注："厌，饱也。"
2. 烧肉使熟。《广韵》："肶，炙令熟。"《齐民要术·炙法第八十》中有"肶炙"，《食经》中又写为"衔炙"。

衔 xián

1. 马勒铁，又称马嚼子，横在马口里的驾驭马的金属小棒。《说文》："衔，马勒口中……行马者也。"段玉裁注："……凡马提控其衔以制其行止……"引申为口含、蕴含。《释名》："衔，在口中之言也。"《正字通》："凡口含物曰衔。"《后汉书·张衡传》："蟾蜍衔之。"范仲淹《岳阳楼记》："衔远山，吞长江。"
2. 把两物互相接起来或缚住。《水浒全传》："且把粮车首尾衔，权做寨栅。"《齐民要术·炙法第八十》"衔炙"是外加鱼肉或花油裹炙。

栶 xīn

机。《篇海类编》："栶，机也。"《齐民要术·炙法第八十》"饼炙"："下鱼片：离脊肋，仰栶几上……"

柈 bàn

1. 大块的木柴。
2. 同"槃"（今写作"盘"），盛物的器皿。《玉篇》："柈同槃。"《南史·刘穆之传》："以金柈贮槟榔一斛次进之。"《聊斋志异·狐妾》："门内设一几，行炙者置柈其上。"《齐民要术·炙法第八十》"饼炙"："出铛（chēng，平底锅），及热置枠上。"

蚶 hān

俗名瓦楞子，又叫"魁蛤"，软体动物，是我国著名食用贝类之一。《尔雅》："蚶，魁陆。"郭璞注："《本草》云：魁状如海蛤，圆而厚，外有理纵横，即今之蚶也。"《齐民要术·炙法第八十》中有"炙蚶"："炙蚶，铁镉（yè，扁而平的铁）上炙之。""蚶"不同于"蠹"。

蛎 lì

牡蛎，也称"蚝（háo）"，软体动物，浅海贝类，可养殖。《广韵》："蛎，牡蛎，蚌属。"《齐民要术·炙法第八十》中有"炙蛎"。其贝壳烧为灰，叫"牡蛎粉"，也叫"古贲灰"，可以与槟榔同食。见卷十《扶留四九》引《蜀记》的文字。

榝 dǎng

樗叶花椒，又称食茱萸，落叶乔木，有刺，果油味辛辣，可作调味用。《广雅》："榝，茱萸也。"《本草纲目·食茱萸》："（李）时珍曰：此即榝子也……"《齐民要术·炙法第八十》"炙鱼"："姜、橘、椒……榝，细切锻，盐、豉、酢和以渍鱼。"

脀 zǐ

用盐、曲等腌制的带骨的肉酱。《齐民要术·作脀奥糟苞第八十一》有"作脀肉法"。

奥 ào，yù

一、读 ào
含义深，不易理解。
二、读 yù
1. 过油的肉。

2. 腌制肉类。《齐民要术·作脖奥糟苞第八十一》中有“作奥肉法”，是用猪的脂肪熬油膏来保藏肉类的方法。

3. 植物名。“奥李”同“郁李”。

熇 chǎo

同“炒”，一种烹调方法，把食物放在锅里加热并随时翻动使熟。《广韵》：“熇，熬也。”《集韵》：“熇，或作炒。”《齐民要术·作脖奥糟苞第八十一》“作奥肉法”：“猪肪熇取脂。”此指将猪脂肪熬制成油。

糟 zāo

1. 带渣滓的酒或酒渣。《说文》：“糟，酒滓也。”《篇海类编》：“糟，滓也。”

2. 用酒或酒糟储藏或腌制食品的方法，如糟鱼、糟肉等。

3. 坏烂；不好。

苞 bāo

1. 草，可编织席子、鞋等。《说文》：“苞，草也。南阳以为粗履。”

2. 花朵外围的小叶片。

3. 通“包”，包裹。《齐民要术·作脖奥糟苞第八十一》“苞肉法”：“十二月中杀猪……茅、菅中苞之。”指肉用茅草包裹后泥封再风藏或冷藏，此为古人没有冷冻设施而保鲜肉类的方法。

牒 zhé

切成的薄肉片。《说文》：“牒，薄切肉也。”段玉裁注：“牒者，大片肉也。”《广韵》：“牒，细切肉也。”《齐民要术·作脖奥糟苞第八十一》中有“作犬牒法”“苞牒法”。（“牒”自注音“徒摄反”。）

踌 shuàn

同“腨（shuàn）”，胫骨后的肉，俗称“腿肚子”。《玉篇》：“踌，腓

(féi）肠也，正作腓。"《说文》："腓，腓肠也。"《正字通》："腓，俗曰脚肚。"《齐民要术·作脾奥糟苞第八十一》"苞牒法"："大如靴雍，小如人脚蹄肠。"此指包好的肉大的如靴筒、小的像人"脚肚"那么粗细。

楔 xiē

1. 楔子，用以填塞空隙的木块。

2. 以楔形物插入。《齐民要术·作脾奥糟苞第八十一》"苞牒法"："以绳通体缠之，两头与楔楔之两板之间，楔宜长薄，令中交度，如楔车轴法。"（"楔"自注音"苏结反"。）

粔 jù 籹 nǔ

古代的一种油炸食品。以蜜和米面，搓成细条，组之成束，扭作环形，用油煎熟，类似今天人们食用的麻花、馓子。又称寒具、膏环。《楚辞·招魂》"粔籹蜜饵"王逸注："言以蜜和米面，熬煎作粔籹。"洪兴祖补注："粔籹，蜜饵也，吴谓之膏环饵，粉饼也。"陆游《九里》诗："陌上秋千喧笑语，担头粔籹簇青红。"《齐民要术·饼法第八十二》"膏环"："一名粔籹。用秫稻米屑，水、蜜溲之，强泽如汤饼面。手搦团，可长八寸许，屈令两头相就，膏油煮之。"

馂 bù 馀 tǒu

油煎饼。我国古代一种面食。《龙龛手鉴》："馂馀，饼也。"《正字通》："馂馀，起面也。发酵使面轻高浮起炊之为饼。"《齐民要术·饼法第八十二》"馂馀"："盘水中浸剂，于漆盘背上水作者，省脂，亦得十日软……入脂浮出……"

馎 bó

馎饦，中国古代一种水煮的面食，类似于现在的煮面片或汤饼。《玉篇》："馎饦，米食也。"《集韵》："馎饦，饼也。"《齐民要术·饼法第八十二》："馎饦，挼如大指许，二寸一断，著水盆中浸……"欧阳修《归田录》卷二："汤饼，唐人谓之'不托'，今俗谓之馎饦矣。"《聊斋志异·杜小雷》："市肉付妻，令作馎饦。"

碁 qí

同"棋"，古时棋子一般用石制成。《齐民要术·饼法第八十二》："切作方碁。"硬面作的切成小块的面食，俗称棋子面。又《飧饙第八十九》"琥珀飧法"："小饼如碁石，内外明彻，色如琥珀。"

粔 luò 䉛 suò

中国古代一种米粥。《集韵》："粔䉛，粟粥。"《字汇》："粔䉛，麦粥。"《齐民要术·饼法第八十二》："粔䉛，以粟米馈，水浸，即漉著面中……"（"粔"自注音"卢货反"；"䉛"自注音"苏货反"。）

稹 zhěn

稠密，细密。《集韵》："稹，禾概也。"《尔雅》："苞，稹也。"邢昺疏："物丛生曰苞。齐人名曰稹。"郭璞注："今人呼丛致者为稹。"《周礼·考工记·轮人》："凡斩毂之道，必矩其阴阳。阳也者，稹理而坚。阴也者，疏理而柔。"引申为植物丛生或物体纹理密致。《齐民要术·饼法第八十二》："稹稹着牙，与好面不殊。"

墋 chěn

1. 食物里夹杂着沙子、土。《玉篇》："墋，土也。"玄应《一切经音义》卷七引《通俗文》："砂土入食中曰墋。"今写作"碜"。《玉篇》："碜，食有沙。"《齐民要术·饼法第八十二》有"治面砂墋法"。（"墋"自注音"初饮反"。）
2. 混浊。《集韵》："墋，不清澄。"

挻 shān

1. 长。《说文》："挻，长也。"
2. 揉动；拍击。《广韵》："挻，柔也，和也。"《集韵》："挻，揉也。"《齐民要术·饼法第八十二》"治面砂墋法"："于布巾中良久挻动之。"此指反复揉动。

糧 yè

米粉糕，粽子类食物。《广韵》："糧，粽属。"《齐民要术·粽糧法第八十三》引《食次》："糧，用秫稻米末，绢罗，水、蜜溲之，如强汤饼面……"

笎 xì

竹箩筐。《齐民要术·粽糧法第八十三》："着竹笎内。"

糘 miàn

用米屑做的稀粥。《玉篇》："糘，屑米。"《集韵》："糘，米屑。"（"糘"自注音"莫片反"。）

粍 zhé

软熟相黏的米饭制作成的面饼。《玉篇》："粍，黏也。"《集韵》："粍，屑米为饮。一曰黏也。"《齐民要术·煮糘第八十四》引《食次》："宿客足，作糘粍。""糘粍"指用沸水泡碎米再入米汤制成糊状食品。（"粍"自注音"苏革反"，旧读 sè。）

箒 zhǒu

用篾丝扎成的竹刷把。《齐民要术·煮糘第八十四》引《食次》："以糘箒春取勃。"今简化写作"帚"。

醴 lǐ

浊的甜米酒。《说文》："醴，酒一宿熟也。"《玉篇》："醴，甜酒也。"《吕氏春秋·重己》："其为饮食酏（yí）醴也，足以适味充虚而已矣。"高诱注："醴者，以糵与黍相醴，不以麴也，浊而甜耳。"《齐民要术·醴酪第八十五》有"煮醴法"，"醴"实为一种液态的麦芽糖，不是指酿造时间极短略带酒味的浊甜米酒。

酪 lào

用牛、羊、马等乳制成的食品。徐锴《说文新附》："酪，乳浆也。"《释名》："酪，泽也，乳汁所作。"据《齐民要术·醴酪第八十五》"煮杏酪粥法"来看，"酪"不是乳制品，而是一种熬得像乳酪的稠杏仁粥。"煮醴酪"即指用麦芽糖调和的杏仁麦粥。

寤 wù

1. 睡醒。《说文》："寤，寐（mèi）觉而有信（应为'言'）曰寤。"《小尔雅》："寤，觉也。"《史记·赵世家》："赵简子疾……七日而寤。"

2. 通"悟"，醒悟；明白。《齐民要术·醴酪第八十五》："文公寤而求之，不获，乃以火焚山。"

淖 nào

1. 烂泥，泥沼。《说文》："淖，泥也。"《汉书·韦玄成传》："当晨入庙，天雨淖。"

2. 湿润；多汁。《尔雅》："淖，湿也。"《管子·地员》："五粟之状，淖而不肕（rèn）。"《齐民要术·醴酪第八十五》："煮令极熟，刚淖得所，然后出之。""刚淖得所"意即稠稀正好合适。

捲 juǎn

收，卷起来。《说文》："捲，收也。"《齐民要术·醴酪第八十五》："其大盆盛者，数（shuò，多次）捲亦生水也。"此指多次舀取搅动，使稠的杏仁麦粥渗出汁水。（"捲"自注音"居万反"。）

飧 sūn

1. 吃晚饭；晚饭。《说文》："飱（今写作'飧'），铺也。"徐灏注笺引戴侗："飧，夕食也，古者夕则馂（jùn，剩饭；吃剩饭）朝膳之余，故熟食曰飧。"《国语·晋语二》："不飧而寝。"

2. 汤水泡的饭。《玉篇》："飧，水和饭也。"《释名》："飧，散也。投水于中，自解散也。"《礼记·玉藻》："君未覆手，不敢飧。"孔颖达疏："飧谓用饮浇饭于器中也。"《齐民要术·飧饭第八十六》中的"飧饭"即为酸浆泡饭。

蚿 xián

马蚿，即节肢动物马陆，身体两侧有很多步足，生活于阴湿之地。《齐民要术·飧饭第八十六》："取釜汤遍洗井口瓮边地，则无马蚿。"

洒 xǐ

洗涤。今写作"洗"。《说文》："洒，涤也。"《玉篇》："洒，濯也。今为'洗'。"《左传·襄公二十二年》："在上位者洒濯其心……而后可以治人。"
今读为 sǎ，将水均匀散布于地。

胹 liè，luán

1. liè，肋骨上的肉；肠部的脂肪。《说文》："胹，胁肉也。一曰肠间肥也。"段玉裁注："胁者，统言之。胹，其肉也；肋，其骨也。肥当作'脂'。"

2. luán，同"脔"，脔割，即切肉成块。《广韵》："胹，割也。"《吕氏春秋·察今》："尝一胹肉，而知一镬之味。"《汉书·司马相如传上》："胹割轮焠（cuì，今写作'淬'），自以为娱。"颜师古注："胹字与脔同，言脔割其肉。"《齐民要术·飧饭第八十六》"胡饭法"："以酢瓜菹长切，胹炙肥肉，生杂菜，内（纳）饼中急卷。"

漸

字书无此字，应是"淅（xī）"的异写。《说文》："淅，汰（同'汰'）米也。"《玉篇》："淅，洗也。"《齐民要术·素食第八十七》："以豉三升煮之，漸箕漉取汁。""淅箕"即淘米用的笡箕。"淅"字有时因传抄误作"断""折"。（"漸"自注音"先击反"。）

蘇 sū

同"酥"，即用牛羊乳制成的食物，也称酥油。《玉篇》："酥，酪也。"《集韵》："酥，或作臄。"《齐民要术·素食第八十七》中有"臄托饭"，"托"字可能是《煮糗第八十四》引《食次》中"粍"字之误，《集韵》："粍，屑米为饮。""臄托饭"，即为用牛羊乳制成的一种糊状食物。

筭 suàn

同"筭（suàn）"，古人计数用的筹码。《玉篇》："筭同筭。"《说文》："筭，长六寸，计历数者。从竹从弄。言常弄乃不误也。"段玉裁注："筭法用竹，径一分，长六寸，二百七十一枚。而成六觚为一握，此为筭筹。"今写作"算"。《齐民要术·素食第八十七》中"蜜姜"："生姜一斤，净洗，刮去皮，筭子切。""蜜姜"是把生姜切为约长六寸、宽一分的细条块状，加蜜煮沸制成的。

菌 jūn，jùn

1. jūn，低等植物类，以寄生或腐生方式获取营养，如细菌、真菌等。

2. jùn，菌子，即蕈（xùn），又名"地鸡"，伞菌类植物。《尔雅》："中馗（kuí），菌。"郭璞注："地蕈也，似盖，今江东名为土菌，亦曰馗厨，可啖之。"《齐民要术·素食第八十七》中有"焦菌法"。（"菌"自注音"其殒反"。）

岔 chà

由主干分出来的（如河流、道路等）。《齐民要术·作菹藏生菜法第八十八》："布菜一行，以麲末薄岔之，即下热粥清。""岔"应是"坌"字之误，《广韵》："坌，尘也，亦作坋。"即在菜上薄薄地撒一层麦麲粉。

濑 lài

沙石上流过的湍急之水。《说文》："濑，水流沙上也。"《楚辞·九歌·湘君》："石濑兮浅浅，飞龙兮翩翩。"《论衡·书虚》："浅多沙石，激扬为濑。"《齐民要术·作菹藏生菜法第八十八》引《食经》"作葵菹法"："择燥葵五斛，盐二斗，水五斗，大麦干饭四斗，合濑。"指葵菜浸入盐、麦饭腌制成菜卤。

蒻 ruò

1. 嫩蒲草。《说文》："蒻，蒲子。"段玉裁注："蒲子者，蒲之少者也。"

《急就篇》"蒲蒻"颜师古注："蒻，谓蒲之柔弱者也。"

2. 香蒲地下茎的嫩芽叫"蒻"，俗称"蒲白"或"草芽"。徐锴《说文系传》："蒻，蒲下入泥白处，今俗呼蒲白。"《本草纲目》认为是藕的嫩节茎："（藕）芽穿泥成白蒻……五六月嫩时，没水取之，可作蔬茹，俗呼藕丝菜。"《齐民要术·作菹藏生菜法第八十八》"蒲菹"："谓蒲始生，取其中心入地者，蒻，大如匕柄，正白，生啖之，甘脆。"又卷十《芸六三》："芸蒿……春秋有白蒻，可食之。"

糤 cè，sè

1. cè，粽子。《集韵》："糤，粽也。"《南史·虞悰（cóng）传》："世祖幸芳林园，就悰求扁米糤。"

2. sè，用熟米粉子和羹。《集韵》："糤，糁也。"《齐民要术·作菹藏生菜法第八十八》："欲令色黄，煮小麦时时糤之。"即在瓮中撒些煮小麦作糁。（"糤"自注音"桑葛反"。）

铴 lì

同"鬲"。古代炊具，圆口、三足。《说文》："鬲，鼎属……三足。"《齐民要术·作菹藏生菜法第八十八》引《食经》"藏瓜法"："取白米一斗，铴中熬之，以作糜。"

奄 yǎn

覆盖；包括。《说文》："奄，覆也，大有余也。"《诗经·周颂·执竞》："奄有四方。"《齐民要术·作菹藏生菜法第八十八》引《食次》："女曲……以青蒿上下奄之，置床上，如作麦曲法。"又引《食经》"藏蕨法"："以薄灰淹之。"此处"奄""淹"字义同。

瓨 gāng

大瓮类的瓦器。今写作"缸"。《齐民要术·作菹藏生菜法第八十八》："密泥瓨口。"

拃 zhà

压榨；捏压。《齐民要术·作菹藏生菜法第八十八》："女曲曝令燥，手拃令解，浑用。"

"拃"今读为 zhǎ，张开大拇指和中指以量长度。

蕺 jí

蕺菜，多年生草本，嫩茎叶可食用，俗名鱼腥草。《齐民要术·作菹藏生菜法第八十八》中有"蕺菹法"。

㔶

字书无，或"㔶"字之误。㔶是古时盛酒的小型容器。《说文》："㔶，酒器也。"《齐民要术·作菹藏生菜法第八十八》中有"菘根㔶菹法"，也许将菹菜制作于㔶子内而称此名。

熯 hàn

1. 干燥；热。《说文》："熯，干貌。"《易经·说卦》："莫熯乎火。"王肃注："火气也。"引申为烘干、烘烤。《广韵》："熯，火干。"《晋书·食货志》："太兴元年诏曰：'徐扬二州，土宜三麦，可督令熯地，投秋下种。'""熯"亦写作"暵"。

2. 借用为"䔅"，䔅菜，十字花科，一年生草本植物，茎叶可食用。《本草纲目》："䔅味辛辣，如火焊人，故名……呼为辣米菜。"《齐民要术·作菹藏生菜法第八十八》有"熯菹法"，"熯"应为"䔅"字。（"熯"自注音"呼干反"。）

筚 bì 篥 lì

"筚篥"即"觱（bì）篥"，簧管乐器，角制或竹管制，又名"胡笳"。《集韵》："觱篥，胡人吹葭管也。"《篇海类编》："觱篥，以竹为管，以芦为首，状类胡笳而九窍，胡人吹以惊中国马。"《齐民要术·作菹藏生菜法第八十八》"熯菹法"：".净洗，缕切三寸长许，束为小把，大如筭籑。" 此指将菜切后束成像觱籑的竹管状粗细的小把。

籑，一种实心、有毒的细竹。《齐民要术》卷十《竹五一》引《山海经》："云山……有桂竹，甚毒，伤人必死。" 郭璞注："交阯有籑竹，实中，劲强，有毒，锐似刺，虎中之则死……"

溇 lǎn

用盐或水等调制浸渍的蔬果、饮料。《广韵》："溇，盐渍果。"《六书故》："滥，水淹濡也。亦作溇。"《释名》："桃滥，水渍而藏之，其味滥滥然酢也。"《齐民要术·作菹藏生菜法第八十八》中"梨菹法"："先作溇，用小梨，瓶中水渍……"，这是一种水渍并密封而发酵制的酸浆。（"溇"自注音"卢感反"。）

蕨 jué

蕨菜，多年生草本，根状茎含淀粉，嫩叶可食用。《说文》："蕨，鳖也。"《诗经·周南·关雎》"言采其蕨"陆德明释文："俗云其初生似鳖脚，故名焉。"《齐民要术·作菹藏生菜法第八十八》引《诗义疏》："蕨，山菜也；初生似蒜茎，紫黑色……周、秦曰'蕨'，齐、鲁曰'鳖'，亦谓'蕨'。"

綦 qí

紫蕨，又称"月尔"。《尔雅》："綦，月尔。" 郭璞注："即紫蕨也，似蕨，可食。"

荇 xìng

莕（xìng）菜，俗称"接余"，多年生草本，漂浮于池沼，嫩叶可食。《诗经·周南·关雎》："参差荇菜，左右流之。" 毛传："荇，接余也。" 陆德明释文："荇，亦本作莕。"

苻 fú

1. 鬼目草，茎叶柄生白毛，可药用。《尔雅》："苻，鬼目。"

2. 莕菜的叶。《尔雅》："莕，接余。其叶，苻。"郭璞注："丛生水中，叶圆，在茎端，长短随水深浅。江东食之。"邢昺疏："莕菜，一名接余。其叶名苻。"

餔 bū

1. 古人申时（即今人所言的下午三至五时）吃饭，称"夕食"。《说文》："餔，日加申时食也。"《广韵》："餔，申时食也。"

2. 给人食物吃。《集韵》："餔，与食也。"《汉书·高帝纪》："有一老父过请饮，吕后因餔之。"颜师古注："以食食人亦谓之餔。"

3. 用糖等浸渍的干果。《释名》："餔，哺也，如饧之浊可哺也。"《正字通》："餔，饧之浊者曰餔。"《齐民要术·饧餔第八十九》"煮餔法"："用黑饧。糵末一斗六升，杀米一石。卧煮如法。"

饊 sǎn

1. 饊饭，由糯米煮后又煎干制成的食物。颜师古注《急就篇》卷二"饊"："饊之言散也，熬稻米饭使发散；古谓之张皇，亦目其开张而大也。"《说文》："饊，熬稻粻程（同'糧'）也。"段玉裁注："……古字盖当作张皇，张皇者，肥美之意也，既又干煎之，若今煎粢饭然，是曰饊。饊者，谓干熬稻米张皇为之。"

2. 饊子，又称寒具、膏环等。以糯粉和面，搓成细条，扭作环形细栅状的油煎食品。《本草纲目》："寒具，即今饊子也，以糯粉和面，入少盐，牵索纽，捻成环钏（chuàn）之形，油煎食之。饊，易消散也。"（"饊"自注音"生但反"。）

餦 zhāng 餭 huáng

1. 古代的一种面食。《玉篇》："饵曰餦餭。"《广韵》："餦餭，饧也。"

2. 糖类食品。《楚辞·招魂》："粔籹蜜饵，有餦餭些。"王逸注："餦餭亦饧也。"《本草纲目》："餦餭即饴饧，用麦糵或谷芽同诸米熬煎而成。"

纥 hé，gē

一、读 hé

1. 大丝。《集韵》："纥，大丝。"

2. 孔子父亲的名，叔梁纥。《广韵》："纥，孔子父名。"

二、读 gē

纥纥，指某种声音。《齐民要术·饧铺第八十九》"煮铺法"："以蓬子押取汁，以匕匙纥纥搅之，不须扬。"

糍 cí

糍粑，用糯米为主要原料蒸熟捣碎制成的食品。又称稻饼。《齐民要术·饧铺第八十九》引《食次》"白茧糖法"："熟炊秫稻米饭，及热于杵臼净者舂之为糍……"

鞢

字书无此字，可能是"鞍"或"鞅"字的残破、误抄。

靫 chā

盛箭器，即箭袋。《玉篇》："靫，箭室也。"

朒 rèn

1. 肉质硬。《玉篇》："朒，坚肉也。"《齐民要术·煮胶第九十》："其脂朒、盐熟之皮，则不中用。""脂朒"，皮尚未脱去脂肉，不能用以煮胶。

2. 同"韧"，柔韧而结实。《集韵》："朒，坚柔也。或从韦。"《齐民要术·杂说第三十》："洁白而柔朒，胜皂荚矣。"

沛 pèi

盛大；旺盛。《齐民要术·煮胶第九十》："水少更添，常使滂沛。"此指水要丰满充足。

晬 zuì

周年；周岁。徐锴《说文新附》："晬，周年也。"《集韵》："晬，子生一岁也。"有的地方又指婴儿百天。《东京梦华录》："生子百日置会，谓之百晬；至来岁生日，谓之周晬。"《齐民要术·煮胶第九十》："经宿晬时，勿令绝火。"晬时，即二十四小时。

埵 duǒ

硬土。《说文》："埵，坚土也。"也指土堆。王充《论衡·说日》："泰山之高，参天入云，去之百里，不见埵块。"《齐民要术·煮胶第九十》："取净干盆，置灶埵上。""灶埵"指的是正灶旁的承物设置，俗称"灶唇"。"埵"或为"垛"字异写。（"埵"自注音"丁果反"。）

舁 yú

1. 抬；举起。《说文》："舁，共举也。"段玉裁注："共举则或休息更番。"王筠句读："舁则两人共举一物也，四手相向而不交。"《广雅》："舁，举也，两人共举一物也。"《齐民要术·煮胶第九十》："胶盆向满，舁着空静处屋中，仰头令凝。"

2. 一种双人肩扛的小轿子。白居易《途中作》："早起上肩舁，一盃（杯）平旦醉。"

坼 chè

1. 裂开；分裂。《广雅》："坼，开也。"《淮南子·本经训》："天旱地坼。"杜甫《登岳阳楼》："吴楚东南坼，乾坤日夜浮。"《齐民要术·煮胶第九十》："然后十字坼破之，又中断为段，较薄割为饼。"

2. 裂缝。《管子·四时》："补缺塞坼。"

扞 hàn，gǎn

1. hàn，同"捍"，防御；抵挡。《齐民要术·煮胶第九十》："为作荫凉，并扞霜露。"

2. gǎn，同"擀"，用棍棒碾压，使物延展。《集韵》："擀，以手伸物。或省。"章炳麟《新方言·释器》："研面谓之扞面。"

頡 xié

1. 颈项僵直。《说文》："頡，直项也。"
2. 鸟向上飞。《诗经·邶风·燕燕》："燕燕于飞，颉之颃（háng）之。"毛传："飞而上曰颉，飞而下曰颃。""颉颃"一词今又引申为不相上下或相抗衡。
3. 压或扎紧。《齐民要术·笔墨第九十一》引《笔方》："痛颉之。"此指缚笔应紧，若毫毛脱出则不堪用。

糏 xiè

同"糏"，米麦碾压后的碎屑。《集韵》："糏，舂余也。或从麦。"引申为碎末、粉末。《齐民要术·笔墨第九十一》："墨糏一斤，以好胶五两。""墨糏"即筛净的细烟末。

梣 cén

白蜡树。落叶乔木，木材坚韧，树皮入药称"秦皮"以清热。《说文》："梣，青皮木。"《集韵》："梣，青皮木名。一曰江南樊鸡木也。其皮入水绿色，可解胶益墨。"《齐民要术·笔墨第九十一》："浸梣皮汁中。"（"梣"自注音"才心反"。）

潼 tóng

1. 水名、地名。今有"潼关"之名，在陕西省。
2. 湿润的样子。《齐民要术·笔墨第九十一》："温时败臭，寒则难干潼溶，见风自解碎。""潼溶"指胶干得不好而致黏腻状。（"潼"义作"湿润"时，古音读 zhōng。）

蒒 shī

蒒草，多年生草本，多在海滨沙地，种子可食用。《玉篇》："蒒，草名。"《齐民要术》卷十《五谷一》："海上有草焉，名蒒，其实如大麦……名曰'自然谷'，或曰'禹余粮'。"

馆 zhān

稠粥。《说文》："馆，糜也。周谓之馆，宋谓之糊。"《广韵》："馆，厚粥也。"《礼记·檀弓上》"馆粥"孔颖达疏："厚曰馆，稀曰粥。"《齐民要术》卷十《禾三》："梁禾……米粉白如面，可为馆粥。"

秀 xiù

1. 谷类抽穗开花。《正字通》："秀，禾吐华也。"《齐民要术》卷十《麦四》引《西域诸国志》："天竺十一月六日为冬至，则麦秀。"
2. 草结籽实。《尔雅》："木谓之华，草谓之荣，不荣而实者谓之秀。"

闼 tà

1. 门；门与屏之间。《广雅》："闼，谓之门。"
2. 宫内小门。《汉书·樊哙传》："哙乃排闼直入。"《齐民要术》卷十《果蓏七》引《临海异物志》："猴闼子，如指头大，其味小苦，可食。"

呪 zhòu

1. 祷告。《齐民要术》卷十《桃九》引《神仙传》："樊夫人与夫刘纲，俱学道术，夫妻各呪其一……"
2. 说希望别人不吉利的言语。
3. 旧时僧道等术家驱鬼降妖的念诀。"呪"今写作"咒"。

蒵 xī

菟蒵，即款冬，多年生草本，花蕾、叶入药。《齐民要术》卷十《橙一三》引《异苑》："南康有蒵石山。"

赪 chēng

红色或浅红色。《尔雅》："再染谓之赪。"郭璞注："赪，浅赤。"《齐民要术》卷十《甘一五》引《风土记》："（甘）有黄者，有赪者，谓之'壶甘'。"

櫾 yòu

同"柚"。《广韵》："柚，似橘而大。"《集韵》："柚，《说文》：'条也，似橙，实酢。'或作櫾。"《列子·汤问》："吴楚之国，有大木焉，其名为櫾。"郭璞注："櫾，似橘而大也，皮厚味酸。"

椵 jiǎ

柚子类。《尔雅》："柀（fèi），椵。"郭璞注："柚属也。子大如盂，皮厚二三寸，中似枳，食之少味。"

藷 zhū，shǔ

1. zhū，藷蔗，即甘蔗。《说文》："藷，藷蔗也。"《齐民要术》卷十《甘蔗二一》中有"芉蔗""干蔗""邯睹（zhè）""都蔗"等多个名称。

2. shǔ，藷藇，即薯蓣，俗称山药。见《齐民要术》卷十《藷二七》中"甘藷"和《菜茹五〇》中的"藷"。"藷"今写作"薯"。

雩 yú

1. 古代求雨的祭祀仪式。《说文》："雩，夏祭，乐于赤帝以祈甘雨也。"

2. 旧地名。《齐民要术》卷十《甘蔗二一》："雩都县土壤肥沃，偏宜甘蔗。"

蔆 líng

菱角。一年生草本，生长在池沼中。果实的硬壳有角。《齐民要术》卷十《蔆二二》引《说文》："蔆，芰（jì）也。"按《说文》："薐，芰也。楚谓之芰，秦谓之薢（xiè）茩（gòu）。"《玉篇》："蔆，同菱，亦作菱。"

棪 yǎn

棪树；又指含胶的树。《尔雅》："棪，楝（sù）其。"郭璞注："棪，实似柰，赤，可食。"《齐民要术》卷十《梓棪一四四》引《异物志》："梓棪，大十围，材贞劲……堪作船，其实类枣……"

棣 dì

棠棣，或写作"常棣""唐棣"，即白棣，果实如樱桃。《说文》："棣，白棣也。"《尔雅》："常棣，棣。"郭璞注："今山中有棣树，子如樱桃，可食。"邢昺疏引陆玑："白棣树也，如李而小，子如樱桃。"《齐民要术》卷十《郁二五》《棠棣一〇六》和《夫栘（yí）一二六》皆提到"棣"，所指难分。

蘡 ào

蘡薁，藤本，俗名野葡萄、山葡萄。《说文》："薁，蘡薁也。"《本草纲目》："蘡薁野生林野间……与葡萄无异，其实小而圆，色不甚紫也……"见《齐民要术》卷十《薁二八》。

葰 yì

即芡。水生草本，有刺，浮生水面，种子称芡实。《方言》卷三："葰、芡，鸡头也。北燕谓之葰。"郭璞注："今江东亦名葰耳。"

柤 zhā

1. 木栏杆。《说文》："柤，木闲。"徐锴系传："闲，阑也。柤之言阻也。"
2. 同"樝（zhā）"，山楂。《广韵》："樝，似梨而酸。或作柤。"《齐民要术》卷十《柤三一》引《礼记·内则》："柤梨姜桂。"郑玄注："柤，梨之不臧（zāng，好）者。"

瘣 huì

1. 伤病。《说文》："瘣，病也。"
2. 结块，肿瘤。《说文》："瘣，肿旁出也。"《齐民要术》卷十《槟榔三三》："洪洪肿起，若瘣木焉。"菌类寄生树木生长如肿瘤，此应为树冠下的肉穗花序。（"瘣"自注音"黄圭切"。）

蒳 nà

蒳子，槟榔种类之一。左思《吴都赋》："草则藿蒳豆蔻。"刘逵注引《异物志》："蒳，草树也，叶如枇榈而小，三月采其叶，细破，阴干之，味近苦而有甘。"《齐民要术》卷十《蒳子四三》引《登罗浮山疏》："山槟榔，一名蒳子。干似蔗，叶类柞……"《本草纲目》"槟榔"："山槟榔，一名蒳子。生日南。树似枇榈而小，与槟榔同状。"

蔟 cù

供蚕作茧的物什。一般用稻麦秆等堆聚而成。《说文》："蔟，行蚕蓐。"《玉篇》："蔟，蚕蓐也。""蔟"亦写作"簇"。《齐民要术·黍穄第四》引《四民月令》："四月蚕入簇。"与卷十《廉姜三四》中"蔟葰，廉姜也"不同。

葰 suī

姜类植物。《说文》："葰，姜属，可以香口。"《广雅》："廉姜，葰也。"《齐民要术》卷十《廉姜三四》引作："蔟葰，廉姜也。"

"葰"与卷八《作酢法第七十一》"外国苦酒法"中的"胡荽"、卷十《胡荽五九》中的"胡荽"相异。（"葰"自注音"相维切"。）

枸 jǔ 橼 yuán

又称香橼，树似橘，有变种如多歧指的俗名"佛手"。吴其濬（jùn）《植物名实图考》称"枸橼……即佛手"："有指爪者为枸橼，无指爪者为香橼。"

耈 gǒu

老年人面部的寿斑；亦指高寿。《释名》："耈，垢也……或曰冻梨皮有斑点。"《尔雅》："耈，寿也。"郭璞注："耈，犹耆（qí）也，皆寿考之通称。"

楝 liàn

楝树，又名苦楝。落叶乔木，花淡紫色，木材坚实。《说文》："楝，木也。"

《尔雅翼》："木高丈余，叶密如槐而尖，三四月开花，红紫色，实如小铃，名金铃子。俗谓之苦楝。"

衢 qú

1. 道路；岔路。《尔雅》："四达谓之衢。"

2. 树枝交错、分岔。《山海经·口山经》："其枝五衢。"郭璞注："言树枝交错相重五出，有象衢路也。"《齐民要术》卷十《橄榄三七》引《南越志》："博罗县有合成树，十围，去地二丈，分为三衢。"又卷十《桑一〇五》："其枝四衢，言枝交叉四出。"

翕 xī

1. 鸟起飞。《说文》："翕，起也。"段玉裁注："翕从合者，鸟将起必将敛翼也。"引申为收缩、聚合。《尔雅》："翕，合也。"《方言》："翕，聚也。"《诗经·小雅·常棣》："兄弟既翕，和乐且湛。"

2. 急迫；急速。《齐民要术》卷十《荔支四〇》引《广志》："夏至日将已时，翕然俱赤，则可食也。""翕然"，一下子。

3. 和顺；协调。

僰 bó

1. 我国古代西南少数民族名。

2. 逐放到边远的少数民族地区。《玉篇》："屏之远方曰僰。僰之言偪（bī，逼迫，驱逐）也。"

偈 jié，jì

一、读 jié

1. 快速奔跑。《广雅》："偈，疾也。"

2. 勇武。《广韵》："偈，武也。"

二、读 jì

梵语"偈陀"的略称，指佛家的唱词，多以四句合为一偈。《玉篇》："偈，句也。"《齐民要术》卷十《荔支四〇》引《广志》："……其名之曰焦核，小次曰春花，次曰胡偈：此三种为美。"

涎 xián 濊 huì

口中唾液多。《说文》："涎，口液也。""濊，水多貌。"《齐民要术》卷十《益智四一》："核小者，曰益智，含之隔涎濊。"

枳 zhǐ 椇 jǔ

木名；也指其果实。同"枳柜"（柜 jǔ，不读 guì），见卷十《枳柜一二四》。《齐民要术》卷十《益智四一》引《异物志》："益智，类薏（yì）苡（yǐ）。实长寸许，如枳椇子。味辛辣，饮酒食之佳。""枳椇"俗名拐枣、木珊瑚，可入药。

桷 jué

1. 房屋上用的方形椽子或斜柱。《说文》："桷，椽方曰桷。"《正字通》："桷，屋角斜柱曰桷。"

2. 悬蚕箔的薄柱子。《广雅》："桷，槌也。"郭璞注："槌，县（悬）蚕薄柱也。"

3. 木瓜。"桷"有时因字形相似误为"桶"。《齐民要术》卷十《桶四二》与《都桷一三五》《都昆一四九》都提到果实"大如鸡卵"，应为一类。

樧 míng

木瓜类，落叶乔木。《广韵》："樧，樧楂，果名。""樧"即"樧楂（楂）"。《本草纲目》："樧楂，木叶花实酷类木瓜……看蒂间别有重蒂如乳者为木瓜，无此则樧楂也。"《齐民要术》卷十《樧四五》引《广志》："樧查，子甚酢。出西方。"

蒟 jǔ

蒟子、蒟酱，扶留藤的花和果实可作酱，称蒟酱。《唐本草》："蒟酱……苗为浮留藤，取叶合槟榔食之，辛而香也。"《本草纲目》："蒟酱……其花实，即蒟子也。"《齐民要术》卷十《蒟子四七》引《广志》："蒟子，蔓生，依树。子似桑椹……""蒟"或写作"枸"。

瀖 huò

1. 雨水从屋檐流下的样子。《说文》："瀖，雨流霤（liù）下。"
2. 煮。《玉篇》："瀖，煮也。"《诗经·周南·葛覃》："维叶莫莫，是刈是瀖。"毛传："瀖，煮之也。"《齐民要术》卷十《芭蕉四八》引《异物志》："芭蕉，叶大如筵席。其茎如芋，取，瀖而煮之，则如丝，可纺绩……"

瞀 mào

1. 向下看，不敢正视。《说文》："瞀，低目谨视也。"《集韵》："瞀，俯视。"
2. 眼睛昏花；目眩。《玉篇》："瞀，目不明貌。"
3. 错乱；愚昧。《字汇》："瞀，思念乱也。"

纮 hóng

1. 帽子的装饰系带。《说文》："纮，冠卷也。"《玉篇》："纮，冠卷维也，冠饰也。"
2. 束。《广雅》："纮，束也。"王念孙疏证："纮者，皆丝束之意也……皆系束之义也。"《齐民要术》卷十《菜茹五〇》引《汉武内传》："西王母曰：'仙次药，有八纮赤韭。'"

蕎 hūn

同"荤"，指葱蒜等菜类。《集韵》："荤，《说文》：'臭菜也'，或作蕎。"

萡 xiāng

1. 青萡。一年生草本，花淡红色，俗名野鸡冠。种子可药用。《玉篇》："萡，青萡子。"《本草纲目》："青萡生田野间，嫩苗似苋可食，长则高三四尺，

171

苗叶花实与鸡冠花一样无别。"

2. 蘘荷。《集韵》："蘘同葙。"《说文》："蘘，蘘荷也。"段玉裁注："……根旁生笋，可以为菹，又治蛊毒……"《齐民要术》卷十《菜茹五〇》引《广志》："葙，根以为菹，香辛。"

藗 hú

一种水生植物，可食用。《玉篇》："藗，藗菜，生水中。"

苣 qǐ

同"苣"。《齐民要术》卷十《菜茹五〇》引《吕氏春秋》："菜之美者，有云梦之苣。"今本《吕氏春秋·本味》作"云梦之芹"。（"苣"自注音"胡对反"，旧又读 huì。）

莐 yín

菜名。《玉篇》："莐，似蒜，生水中。"

茝 jǐn

菜名。《说文》："茝，菜，类蒿。"与"芹"字相似，可能是同种蔬菜。

葅 zū

蕺菜，俗称鱼腥草，又名侧耳根。《说文》："葅，菜也。"崔豹《古今注》："葅，一名蕺。"《齐民要术》卷十《菜茹五〇》："葅菜：紫色，有藤。"

蠃 luó

一种菜名。《玉篇》："蠃，菜，生水中也。"《齐民要术》卷十《菜茹五〇》："蠃菜：叶似竹，生水旁。"

蒮 yuè

一种菜名。《玉篇》："蒮，叶似竹，生水中。"《齐民要术》卷十《菜茹五〇》："蒮菜：叶似竹，生水旁。"

蕮 è

一种菜名。《齐民要术》卷十《菜茹五〇》："蕮菜：似蕨，生水中。"

荲 niè

一种菜名。《广韵》："荲，叶似蒜。"《齐民要术》卷十《菜茹五〇》："荲菜：似蒜，生水边。"

蕁 qián

一种菜名。《集韵》："蕁，菜名，生山中。"可能属于荨麻类，茎和叶嫩时可食。《齐民要术》卷十《菜茹五〇》："蕁菜：似菩荃菜也。一曰染草。""染"字难解，或讹误。（"蕁"自注音"徐盐反"。）

薍 wéi

薍菜。《说文》："薍，菜也。"《玉篇》："薍，菜名，似乌韭而黄。"

荅 tà

药草泽泻俗名"水荅菜"。《玉篇》："荅菜，生水中者。"《齐民要术》卷十《菜茹五〇》："荅菜：生水中，大叶。"（"荅"自注音"他合反"，旧又读 tè。）

嶓 bō

嶓冢山简称。《尚书·禹贡》："嶓冢导漾。"注："即梁州之嶓山，形如冢，故名。"《山海经》中记有"嶓冢之山"，在今甘肃省。

筀 guì

一种实心、有毒的大竹。《齐民要术》卷十《竹五一》引《山海经》："云山……有桂竹……"郭璞注："今始兴郡出筀竹……"

筇 qióng

一种实心的竹，可制拐杖。《广韵》："筇，竹名，可为杖。"《齐民要术》卷十《竹五一》引《山海经》："龟山……多扶竹。"郭璞注："扶竹，筇竹也。"

柙 xiá

1. 关野兽或牲畜的笼子。《说文》："柙，槛也。以藏虎兕（sì，犀牛类）。"《论语·季氏》："虎兕出于柙……"

2. 用囚笼或囚车关押、押解。《管子·中匡》："生缚管仲，而柙以予齐。"

3. 匣子，柜子；又引申为藏物于匣柜。《庄子·刻意》："有干将之剑者，柙而藏之，不敢用也。"《齐民要术》卷十《竹五一》引《汉书》："竹大者，一节受一斛，小者数斗，以为柙榼。"

篠 xiǎo

细长的竹，可制箭。《尔雅》："篠，箭。"郝懿行义疏："篠者，《说文》作'筱'（xiǎo），云'小竹也'。盖篠可为箭，因名为箭。"

荡 dàng

大竹。《说文》："荡，大竹也。"《尚书·禹贡》："篠、荡既敷。"孔安国传："篠，竹箭；荡，大竹。"孔颖达疏："篠为小竹，荡为大竹。"《齐民要术》卷十《竹五一》引《尚书》："杨（扬）州……厥贡……篠、荡。"

箘 jùn

1. 一种细长节稀的竹子，可制箭。

2. 竹笋。《齐民要术》卷十《笋五二》引《吕氏春秋》："和之美者，越辂之箘。"高诱注："箘，竹笋也。"

辂 lù

一种竹名，可制箭。《齐民要术》卷十《竹五一》引《尚书》："荆州……厥贡……箘、辂。"孔安国注："箘、辂皆美竹……出云梦之泽。"

蔓 mán

皮青内白的竹，质地柔韧，可制绳索。《齐民要术》卷十《竹五一》引《礼斗威仪》："君乘土而王，其政太平，蔓竹、紫脱常生。"

箁 báo

一种大竹。戴凯之《竹谱》："箁实厚肥，孔小，几于实中……土人用为梁柱。"《齐民要术》卷十《竹五一》引《异物志》："有竹曰箁，其大数围，节间相去局促，中实满坚强……"

榱 cuī

即椽子，放在屋檩上支持覆面和瓦片的木条。《说文》："榱，秦名为屋椽，周谓之榱，齐鲁谓之桷。"《聊斋志异·续黄粱》："绘栋雕榱，穷极壮丽。"《齐民要术》卷十《竹五一》引《异物志》："有竹曰箁……以为柱榱。"

筼 yún 筜 dāng

一种水边生长的皮薄、高而直的竹。李商隐《骄儿诗》："截得青筼筜，骑走恣唐突。"即儿童游戏的竹马。《齐民要术》卷十《竹五一》引《湘中赋》："竹则筼筜。"

蒨 qiàn

1. 茜草，根可作绛色染料。《文心雕龙·通变》："夫青生于蓝，绛生于蒨。"

2. 茂盛。

薆 ài

草木茂盛。《齐民要术》卷十《竹五一》引《湘中赋》："萋蒨陵丘，薆逮重谷。"

鼦 liú

竹鼠。生活在竹林中，以食竹类的根和地下茎。《集韵》："鼦，《说文》：'竹鼠也，如犬。'"《本草纲目》："竹鼦，食竹根之鼠也，出南方，居土穴中，大如兔……"《齐民要术》卷十《竹五一》引王彪之《闽中赋》："筼筜函人，桃枝育虫。(育虫，谓竹鼦，竹中皆有耳。)"

笲 róng

一种竹头有花纹的竹子。《玉篇》："笲，竹也，头有文。"《齐民要术》卷十《竹五一》引《字林》："笲，竹，头有父文。"

簚 wú

一种黑皮、有花纹的竹子。《广韵》："簚，黑皮竹也。"《齐民要术》卷十《竹五一》引《字林》："簚，竹，黑皮，竹浮有文。"

籫 gǎn

一种生长绒毛的竹子。《集韵》："籫，竹名，有毛。"《齐民要术》卷十《竹五一》引《字林》："籫，竹，有毛。"

箻 lìn

一种实心竹子。《玉篇》："箻，竹，实中也。"《齐民要术》卷十《竹五一》引《字林》："箻，竹，实中。"（"箻"自注音"力印切"。）

菣 qìn

青蒿，又名香蒿。《说文》："菣，香蒿也。"《尔雅》："蒿，菣。"郭璞注："今人呼青蒿香中炙啖者为菣。"《诗经·小雅·鹿鸣》："呦呦鹿鸣，食野之蒿。"朱熹集传："蒿，菣也，即青蒿也。"《本草纲目》："青蒿二月生苗，茎粗如指而肥软，茎叶色并深青……七八月间开细花颇香，结实大如麻子。"

蘩 fán

白蒿，嫩苗可食。《尔雅》："蘩，皤（pó，白色）蒿也。"郭璞注："蘩，白蒿。"

歜 chù

1. 盛怒。《说文》："歜，盛气怒也。"
2. 切断的昌蒲根，可食用或入药。《广韵》："歜，昌蒲葅。"《左传·僖公三十年》："王使周公阅来聘，飨有昌歜。"杜预注："昌蒲葅也。"顾炎武《日知录》卷四："……《玉篇》有'歚（zǎn）'字，昌蒲葅也。左传之'昌歚'正合此字，而唐人误作'歜'。"即"歚"传抄误作"歜"。

萍 píng

1. 浮萍。《说文》："萍，苹也。""萍，苹也，水草也。"《玉篇》："萍，同萍。"
2. 藾蒿。"萍"简化为"苹"。《齐民要术》卷十《苹六六》引《尔雅》："苹，藾萧。"郭璞注："藾蒿也，初生亦可食。"

蘋 pín

大萍，水生草本，俗称四叶菜。《说文》："蓱（pín），大萍也。"《玉篇》："蘋，大萍也。"《尔雅》："苹，萍，其大者蘋。"《诗经·召南·采蘋》："于以采蘋，南涧之滨。"毛传："蘋，大萍也。""蘋"今简化为"苹"，又读为 píng。

蓎 tái

青苔。《说文》："蓎，水衣。"今写作"苔"。（"蓎"自注音"丈之切"，古又读 zhī。）

藫 tán

1. 水苔。《尔雅》："藫，石衣。"郭璞注："水苔也，一名石发。江东食之。"

2. 海藻。《玉篇》："藫，海藻也，又名海罗，如乱发，生海水中。"《齐民要术》卷十《石蓎五八》引《尔雅》"藫"，郭璞注："藫叶似薤而大，生水底，亦可食。"

菤 juǎn

菤耳，也写作"卷耳"，即苍耳。《尔雅》："菤耳，苓耳。"郭璞注："《广雅》云'枲耳也，亦云胡菜。'"《诗经·周南·卷耳》："采采卷耳。"毛传："苓耳也。"朱熹集传："卷耳，枲耳。叶如鼠耳，丛生如盘。"陆玑《诗义疏》："苓，似胡荽……可鬻（zhǔ，今写作'煮'）为茹，滑而少味……或云'耳珰草'，幽州人谓之'爵耳'。"

葰 zhōng

葰葵，又名落葵，一年生草本，嫩叶可食用。《尔雅》："葰葵，蘩露。"郭璞注："承露也，大茎小叶，华紫黄色。"

萱 huán

草名，似堇而叶大，多年生草本，地下茎粗壮，可入药。古人又用以调味。《玉篇》："萱，堇类。"《礼记·内则》"堇萱"郑玄注："谓用调和饮食也。萱，堇类也。冬用堇，夏用萱。"陆德明释文："萱，似堇而叶大也。"《齐民要术》卷十《堇六二》引《广志》："夏萱秋堇滑如粉。"又卷十《萱一〇二》引《字林》："萱，干堇也。"

莪 é

莪蒿，萝蒿，多年生草本，嫩叶可食。《说文》："莪，萝莪，蒿属。"《尔雅》："莪，萝。"郭璞注："今莪蒿也。"《诗经·小雅·菁菁》："菁菁者莪，在彼中阿。"孔颖达疏引陆玑："莪，蒿也，一名萝蒿也……茎叶可生食，又可蒸，香美，味颇似蒌蒿是也。"

弁 biàn

古代的帽子，字形如双手扶冠。古时男子加冠表示成年。《诗经·齐风·甫田》："未几见兮，突而弁兮。"毛传："弁，冠也。"郑玄笺："见之无几何，突耳加冠为成人也。"孔颖达疏："始加缁布冠，次加皮弁，次加爵弁，三加而后字之，成人之道也。"《齐民要术》卷十《葍六五》引《诗义疏》："幽、兖谓之'燕葍'，一名'爵弁'。"

蟦 féi

蛴（qí）螬，金龟子的幼虫。《尔雅》："蟦，蛴螬。"郭璞注："在粪土中。"《齐民要术》卷十《葍六五》引《风土记》："葍……子大如牛角，形如蟦……其大者名'林（mò）'。"

蓍 shī

蓍草。多年生草本，茎叶可作调味食料。古人用茎以占卜。《齐民要术》卷十《蓱六六》："茎似蓍而轻脆。"

芴 wù

1. 菲（xī）菜，宿菜。《说文》："芴，菲也。"
2. 土瓜。《广雅》："土瓜，芴也。"

藨 biāo

1. 开黄花的凌霄花。《说文》："藨，苕之黄华也。"《齐民要术》卷十《苕六八》引《尔雅》："莕，陵莕。黄华，蕈……"

2. 浮萍。《淮南子·墬（dì）形训》："容华生蕈，蕈生萍藻。"

菥 xī 蓂 mì

荠菜的一种，嫩时可食用。《尔雅》："菥蓂，大荠也。"郭璞注："似荠，叶细，俗呼老荠。"《本草纲目》："荠与菥蓂一物也……小者为荠，大者为菥蓂，菥蓂有毛……"

蓫 zhú

羊蹄菜，又名大土黄，似萝卜，茎赤，根可入药。《诗经·小雅·我行其野》："言采其蓫。"陆玑《诗义疏》："今羊蹄…多啖令人下痢。幽、扬谓之蓫，一名蓨（tiáo）……"

荎 xī

菟葵，又名野葵、棋盘菜，嫩时可食用，干可入药。《尔雅》："荎，菟葵。"郭璞注："颇似葵而小，叶状如藜，有毛……"

薗 juàn

鹿藿，又名鹿豆。《玉篇》："薗，鹿豆茎。"《尔雅》："薗，鹿藿。"郭璞注："今鹿豆也，叶似大豆，根黄而香，蔓延生。"

菭 niǔ

鹿豆。《说文》："菭，鹿藿之实名（按：沈涛认为今本'名'字衍）也。"《玉篇》："菭，鹿藿实。"

虆 lěi

藤本植物。《尔雅》："诸虑，山虆。"郭璞注："今江东呼虆为藤，似葛而粗大。"朱骏声认为山虆即蘡薁，俗称山蒲桃。

欇 shè

紫藤，又名虎豆、狸豆。《尔雅》：“欇，虎櫐。”郭璞注：“今虎豆。缠蔓林树而生，荚有毛刺。江东呼为‘欚（liè）欇’。”郝懿行义疏：“虎櫐即今紫藤，其华紫色，作穗垂垂，人家以饰庭院。谓之虎櫐者，其荚中子色斑然如狸首文也。”《山海经·中山经》：“卑山其上……多櫐。”郭璞注：“今虎豆、狸豆之属。”

毦 ěr

1. 用羽毛做的衣服或装饰物。《说文新附》：“毦，羽毛饰也。”《集韵》：“毦，绩羽为衣。”《齐民要术》卷十《藤七五》引《南方草物状》：“毦藤，生山中，大小如苹蒿，蔓衍生。人采取，剥之以作毦……”此指人们剥藤的种子作装饰物。

2. 草花。郭璞《江赋》：“扬皓（hào，白）毦，擢紫茸。”李善注：“毦与茸，皆草花也。”

萠 jiān

兰草。《广韵》：“萠，兰也。”《诗经·郑风·溱洧》：“士与女，方秉萠兮。”毛传：“萠，兰也。”孔颖达疏引陆玑：“萠，即兰香草也。”《齐民要术》卷十《藤七五》引《南方草物状》：“萠子藤，生缘树木……实如梨，赤如雄鸡冠，核如鱼鳞……”

菆 zōu

1. 麻秆，又泛指植物的茎。《说文》：“菆，麻蒸也。”《集韵》：“菆，茎也。”《仪礼·既夕礼》：“御以蒲菆。”

2. 草丛生。《玉篇》：“菆，草也，丛生也。”《齐民要术》卷十《藤七五》引《异物志》：“菆蒲……子如莲，菆着枝格间……”（“菆”自注音“侧九切”。）

蔲 kē

蔲藤，藤类植物。《玉篇》：“蔲，蔲藤，生海边。”《齐民要术》卷十《藤七五》引《异物志》："菵藤，围数寸，重于竹，可为杖。篾以缚船，及以为席，胜竹也。"

蘝 lián

三蘝，即阳桃。《广志》："三蘝，似翦（通'箭'）羽……"

缃 xiāng

1. 浅黄色的帛。引申为浅黄色。《说文》："缃，帛浅黄色也。"《释名》："缃，桑也。如桑叶初生之色也。"《广韵》："缃，浅黄。"《齐民要术》卷十《蘝七八》引《广志》："三蘝，似翦羽，长三四寸；皮肥细，缃色。"

2. 树名。《齐民要术》卷十《缃一一五》引《广州记》："缃，叶、子并似椒，味如罗勒。岭北呼为'木罗勒'。"

芺 ǎo

草名。《说文》："芺，草也，味苦，江南食以下气。"《尔雅》："钩，芺。"郭璞注："大如拇指，中空……初生可食。"

筑 zhú

草本植物，又名扁竹、萹蓄。《尔雅》："筑，萹蓄。"郭璞注："似小藜，赤茎节，好生道旁。可食。又杀虫。"

蒡 páng，bàng

1. páng，隐忍草，似桔梗，苗可食用治蛊毒。《尔雅》："蒡，隐茘（rěn）。"郭璞注："似苏，有毛，今江东呼为隐茘……"

2. bàng，牛蒡，可入药。

蕢 kuài

菜名，赤苋。《尔雅》："蕢，赤苋。"郭璞注："今之苋赤茎者。"

蔺 jiàn

山莓，又名悬钩子，果实可入药或酿酒。《尔雅》："蔺，山莓。"郭璞注："今之木莓也，实似薦莓而大，可食。"

蔏 shāng

蔏蒌，水生白蒿，嫩可食用。《尔雅》："购，蔏蒌。"郭璞注："蔏蒌，蒌蒿也……初出可啖……"

莖 guī

覆盆子，果实可入药或食用。《尔雅》："莖，蕨（quē）蓋（pén）。"郭璞云："覆盆也，实似莓而小，亦可食。"

菼 tǎn

初生的荻，似苇而小。《诗经·王风·大车》："毳衣如菼。"指衣色如菼之嫩绿。

荡 tāng

蓫荡，即商陆，多年生草本，根入药。《尔雅》："蓫荡，马尾。"郭璞注："《广雅》：'马尾，商陆。'……江东呼为当陆。"

榇 chá

同"茶"。《广韵》："榇，春藏叶，可以为饮，巴南人曰葭榇。"

荈 chuǎn

茶的老叶；粗茶。《玉篇》："荈，茶老叶者。"

莜 qiáo

锦葵，二年生草本，花冠淡紫色。《尔雅》："莜，蚍（pí）衃（fú）。"郭璞注："今荆葵也。似葵，紫色。"《诗经·陈风·东门之枌》："视尔如莜，贻我握椒。"

蚍 pí 衃 fú

同"芘（pí）苻（fú）"，即锦葵。陆玑《诗义疏》："一名'芘苻'。似芜菁，华紫绿色，可食，微苦。"《齐民要术》卷十《荆葵九六》引作"一名'芘苻'。华紫绿色，可食，似芜菁，微苦"，句序稍变。

蘮 jì 蒘 rú

草名，果实有短的毛刺，易粘附。《尔雅》："蘮蒘，窃衣。"郭璞注："似芹，可食。子大如麦，两两相合，有毛，着人衣。"《齐民要术》卷十《窃衣九七》引为"孙炎云：似芹，江河间食之。实如麦……其华着人衣，故曰窃衣"。

蓳 lí

羊蹄菜。多年生草本，根可入药。《说文》："蓳，草也。"《广雅》："蓳，羊蹄也。"《本草纲目》："羊蹄，一名鬼目，一名蓄……近水及湿地极多，叶长尺余，入夏起薹，开花结子，花叶一色，夏至即枯，秋深即生，凌冬不死，根长近尺，黄色如胡萝卜形。"《齐民要术》卷十《蓳九九》引《字林》："草似冬蓝。蒸食之，酢。"（"蓳"自注音"丑六反"，古音读 chù。）

檽 ruǎn

木耳。《说文》："檽，木耳也。"《玉篇》："檽，木耳，生枯木也。"（"檽"自注音"而兖反"。）

蕬 sī

草名，水生植物。《齐民要术》卷十《蕬一〇三》引《字林》："蕬，草，生水中，其花可食。"

毚 chán

狡兔。《说文》："毚，狡兔也，兔之骏者。"《齐民要术》卷十《木一〇四》引《皇览·冢记》："毚檀之树。"此可能是黄檀树。

韡 wěi

鲜明盛大的样子。《诗经·小雅·常棣》："常棣之华，鄂（萼）不韡韡。"

棫 yù

木名，灌木，有刺。《尔雅》："棫，白桵（ruí）。"郭璞注："桵，小木丛生，有刺。实如耳珰，紫赤可啖。"

栎 lì

落叶乔木。《说文》："栎，木也。"《本草纲目》："栎，柞木也，实名橡斗。"

梂 qiú

栎树的果实。《尔雅》："栎，其实梂。"郝懿行义疏："栎实外有裹橐……状类毬子。"

彙 huì

刺猬。《说文》："彙，虫也，似豪猪而小。"《尔雅》："彙，毛刺。"郭璞注："彙，今猬（同'猬'），状似鼠。"邢昺疏："彙即猬也，其毛如针……物少犯近，则毛刺攒起如矢。"《齐民要术》卷十《栎一〇八》引《尔雅》："栎，其实梂。"郭璞注："有梂彙自裹。""彙"古音读 wèi，今简化写作"汇"。

缲 xiè

1. 木棉。《齐民要术》卷十《木绵一一〇》引《吴录·地理志》："交阯安定县有木绵……又可作布，名曰白缲，一名毛布。"

2. 同"绁（xiè）"，绳索；捆绑。

欀 xiāng

木名，茎干髓等富含淀粉，可食用。左思《吴都赋》"文欀"李善注引刘逵："欀木，树皮中有如白米屑者，干捣之，以水淋之，可作饼，似面。"《齐民要术》卷十《欀木一一一》引《吴录·地理志》："交阯有欀木……似面，可作饼。"可能指椰子类，又名"莎木"。又卷十《莎木一一三》引《蜀志记》："莎树出面，一树出一石。正白而味似桄榔。"

槃 pán

盛物器皿或洗刷用具。《说文》："槃，承槃也。"段玉裁注："承槃者，承水器也。"《齐民要术》卷十《槃多一一四》引《广州记》："槃多树，不花而结实……""槃多"为梵语音译，槃多树即菩提树。"槃"今写作"盘"。

杪 miǎo

1. 树梢。《说文》："杪，木标末也。"《方言》："木细枝谓之杪。"《齐民要术》卷十《槃多一一四》："自根着子至杪，如橘大。"

2. 末尾，末端。《广雅》："杪，末也。"

榑 fú

1. 榑桑，传说中的神树。《说文》："榑，榑桑，神木，日所出也。"《淮南子·览冥训》："朝发榑桑，日入落棠。"高诱注："榑桑，日所出也；落棠，日所入也。""榑桑"今写作"扶桑"。

2. 同"缚"，缠绕。《齐民要术》卷十《榕一一七》引《南州异物志》："榕木，初生少时，缘榑他树。"

罥 juàn

1. 捕鸟兽的网。《说文》："罥，网也。"
2. 捕捉；悬挂。《玉篇》："罥，系取也。"《广韵》："罥，挂也。"《齐民要术》卷十《杜芳一一八》引《南州异物志》："杜芳，藤形……藤连结如罗网相罥。"

蕣 shùn

木堇，落叶灌木。《说文》："蕣，木堇，朝华暮落者。"《诗经·郑风·有女同车》："颜如舜华。"《齐民要术》卷十《木堇一二二》引此作"颜如蕣华"。

朹 qiú

山楂树。《尔雅》："朹，檕（jì）梅。"郭璞注："朹树，状似梅……"《齐民要术》卷十《朹一二五》引《山海经》："单狐之山，其木多朹。"郭璞注："似榆……"所指非一。

栘 yí

棠棣。《说文》："栘，棠棣也。"《尔雅》："唐棣，栘。"郭璞注："白栘，似白杨。江东呼为'夫栘'。"段玉裁认为花赤者为唐棣，花白者为栘，即郁李类。

櫫 zhū

同"櫧（zhū）"，常绿乔木。《集韵》："櫧，木名，似枔，叶冬不落。或作櫫。"《齐民要术》卷十《櫫一二七》引《山海经》："前山，有木多櫫。"

椾 yuán

木名。《集韵》："椾，木名，实如甘蔗，皮核皆可食。"

繻 xū

1. 彩色细密的丝织品。《说文》："繻，缯彩色。"《玉篇》："繻，细密之罗也。"

2. 汉代帛制通行证。《玉篇》："繻，帛边也，古者过关以符书帛裂而分之，若今券也。"

3. 借作"濡（rú）"，沾湿。《齐民要术》卷十《乙树一三七》引《南方记》："乙树……和繻叶汁煮之……""繻"古音又读 rú。

栌 chǎn

栌树。《玉篇》："栌，木名。"《齐民要术》卷十《栌一四三》引《南方记》："栌树，子如桃实……"

镂 lòu

雕刻。《尔雅》："金谓之镂，木谓之刻。"《齐民要术》卷十《梓棪一四四》引《异物志》："刻镂其皮。"

菩 gē

菩母，树名；也指菩母树的果实。《齐民要术》卷十《菩母一四五》引《异物志》："菩母树，皮有盖，状似栟榈……"

笔画检字表

191

197

参考文献

陈廷敬，张玉书．2007．康熙字典 ［M］．上海：上海辞书出版社．

罗竹风．2000．汉语大词典 ［M］．上海：汉语大词典出版社．

王贵元．2002．说文解字校笺 ［M］．上海：学林出版社．

夏征农．1994．辞海 ［M］．上海：上海辞书出版社．

徐莹，李昌武．2013．贾思勰与《齐民要术》研究论集 ［M］．济南：山东人
　民出版社．

徐中舒．1993．汉语大字典 ［M］．成都：四川辞书出版社．

许慎．1963．说文解字 ［M］．北京：中华书局．

杨伯峻．2009．春秋左传注 ［M］．北京：中华书局．

中华书局编辑部．1978．中华大字典 ［M］．北京：中华书局．

中华书局编辑部．1985．中华小字典 ［M］．北京：中华书局．

后记

　　2012 年秋，我去齐民要术研究会刘效武会长家拜访。交谈中，他说最近自己将做一件重要的事情，就是把寿光学者二十多年来研究贾思勰与《齐民要术》的论文搜求整理，遴选菁华，编为论集，以供交流并为后学参考。这一设想是源于他参加山东省农史学会的感悟。会上，寿光农业专家、近八十岁的朱振华先生以《齐民要术》中的"胡荽"辨析为题，脱稿作了精彩发言，反响热烈。

　　论文的搜求遴选工作刘会长已经展开。接下来，将论文重新输入电脑文档，联系论文的作者再做补充修改，搜集有关图片，整理重要史实，论集的统稿与审校等，是需要多人协作的大工程，受会长委托，我参与了该书稿的审校工作，经过几个月的不懈努力，《贾思勰与〈齐民要术〉研究论集》终于成形，2013 年 8 月由山东人民出版社出版发行。

　　研究论集中既引用《齐民要术》的经典文例，又有当今寿光人的创新实践成果。《齐民要术》经典文例中有些字的音、义与现代汉语差别较大，人们在阅读时难免有文字障碍，这需要审校者多下功夫，以求文从字顺，在通读基础上，更要避免舛误和纰漏。尤其注意繁体字简化后，某些文句或字词在释义时不免用古音、旧体，以便读者从其形体、结构上理解。

　　如卷五《种红蓝花、栀子第五十二》中"作米粉法"："足将住反手痛挼勿住。痛挼则滑美，不挼则涩恶。"卷七《造神曲并酒第六十四》中记"又神曲法"："……各细磨，和之。溲时微令刚，足手熟揉为佳。"这两个文句都有"足手"二字，按现代词语用法，应该是"手足"，如"手足并用""情同手足"等。"足"读音 zú，义是人体下肢，脚。《说文》："足，人之足也，在下。"其引申义较多。而《齐民要术》中注音"将住反"，《广韵》作"子句切"，按反切音规律，"足"应读 jù，这在现代汉语中是没有的。再查辞书，《广韵》："足，添物也。"《集韵》:"足,益也。"二例句中"足手"即"多手",指的是好几个人,多双手。而不应作"手足并用",即"用足和手一起揉"的字面理解。

又如卷四《种李第三十五》中"作白李法":"饮酒时,以汤洗之,漉著蜜中,可下酒矣。"卷八《脯腊第七十五》中"作鳢鱼脯法":"白如珂雪,味又绝伦,过饭下酒,极是珍美也。"《蒸缹法第七十七》的"缹猪肉法":"下酒二升,以杀腥臊——青、白皆得。若无酒,以酢浆代之。"结合语境可知,前二例句"下酒"义同(人喝酒),与第三例句相异。"酢浆"即酸味液体(今指醋),"酢"古音为 cù,颜师古注《急就篇》中的"酢":"大酸谓之酢。"

由于著者水平有限,错误在所难免,热忱希望各位专家和读者批评指正!

编著者

2016 年 2 月